电网物资抽检试验典型案例分析

线圈类、高压开关类设备

国网辽宁省电力有限公司电力科学研究院
辽宁东科电力有限公司 编

中国电力出版社
CHINA ELECTRIC POWER PRESS

内 容 提 要

本书以图文并茂的方式，对电网物资检测过程中的典型案例进行了分析，共收录了15例试验异常案例，对异常原因进行详细地阐述和分析，并对设备商家及试验人员给出了指导意见。

本书按照设备类型共分5章，包括物资抽检概况、配电变压器抽检试验及典型案例分析、电流互感器（35kV及以下）抽检试验及典型案例分析、电磁式电压互感器（35kV及以下）抽检试验及典型案例分析、高压开关柜抽检试验及典型案例分析。

本书可供电网企业所属国网级、省公司级、地市公司级三个层级的检测中心物资检测人员参考使用，同时对产业单位、集体企业、社会第三方检测机构的物资检测人员同样适用。还可供电力设备商家参考使用。

图书在版编目（CIP）数据

电网物资抽检试验典型案例分析：线圈类、高压开关类设备/国网辽宁省电力有限公司电力科学研究院，辽宁东科电力有限公司编. —北京：中国电力出版社，2021.3

ISBN 978-7-5198-5375-4

Ⅰ. ①电…　Ⅱ. ①国…②辽…　Ⅲ. ①配电系统–线圈–质量检验②配电系统–断路器–质量检验　Ⅳ. ①TM727②TM561

中国版本图书馆CIP数据核字（2021）第034369号

出版发行：中国电力出版社
地　　址：北京市东城区北京站西街19号（邮政编码100005）
网　　址：http://www.cepp.sgcc.com.cn
责任编辑：薛　红
责任校对：黄　蓓　马　宁
装帧设计：郝晓燕
责任印制：石　雷

印　　刷：北京博图彩色印刷有限公司
版　　次：2021年3月第一版
印　　次：2021年3月北京第一次印刷
开　　本：710毫米×1000毫米　16开本
印　　张：8
字　　数：130千字
印　　数：001—500册
定　　价：62.00元

编 委 会

前言

近年来，随着我国电网建设的不断发展以及物资集约化管理的不断深化，通过集中招标采购的设备、材料数量越来越大，国家电网有限公司加大力度开展入网物资检测工作，并构建了以国网级、省公司级、地市公司级三个层级的检测中心为主，产业单位、集体企业、社会第三方检测机构为补充的质量检测体系。

为了使各个检测中心、检测机构对物资检测过程中的异常情况能有更准确的判断，本书收录了16例较为典型的检测案例，对异常原因进行了详细的阐述和分析，并给出了指导意见。该案例均来自东北电网，但是适用于全国。本书按照设备类型共分5章，包括物资抽检概况、配电变压器抽检试验及典型案例分析7例、电流互感器（35kV及以下）抽检试验及典型案例分析2例、电磁式电压互感器（35kV及以下）抽检试验及典型案例分析1例、高压开关柜抽检试验及典型案例分析6例。

本书在编写过程中得到了东北分部和许多业界专家的指导和帮助，在此一并致谢。

由于本书涉及的案例较多，覆盖设备较广，加之编写能力有限，因此，试验异常的分析不一定完全准确，疏漏与不妥在所难免，恳请各位专家和读者提出宝贵意见，编者深表感谢。

编　者

2020年12月

目录

第1章 物资抽检概况

国家电网有限公司（简称国网公司）于2011年4月6日发布国家电网物资〔2011〕467号文《关于下发〈产品质量监督管理实施意见（试行）〉的通知》对产品质量监督提出了具体要求，同年7月19日发布物资监造〔2011〕102号文《关于进一步加强配变等中低压产品质量监督管理的通知》，通报了总部组织部分单位对招标采购的配电变压器、箱式变压器进行了专项抽检，发现部分供应商产品存在线圈以铝代铜、配件以次充好，以及雷电冲击、温升试验、空载损耗、负载损耗等重要性能指标不合格等问题，同时也发现其他中低压产品存在较多问题。《关于进一步加强配变等中低压产品质量监督管理的通知》要求“各单位统筹安排好抽检计划及工作的实施，扩大抽检范围，充实抽检力量，加大抽检装备（如配置移动试验车等）的投入，丰富抽检手段（创造条件开展一些出厂试验未要求的特殊试验项目、解体检查等），做到抽检工作的全面、客观、公正。

2011年以来，国网公司不断加强管理，加大物资抽检力度，于2017年9月4日发布国家电网物资〔2017〕713号文《国网公司关于加快推进电网物资质量检测能力标准化建设的通知》，要求3年内构建以国网级、省公司级、地市公司级三个层级的检测中心为主，产业单位、集体企业、社会第三方检测机构为补充的质量检测体系。同时也制定了《电网物资质量检测能力评价导则（试行）》（以下简称《导则》）。《导则》中按物资类别分类，将质量检测能力从高到低分为A、B、C三个等级。

国内新成立的大型检测机构基本均采用柔性智能检测系统。柔性检测系统与传统检测模式相比效率更高，具体优势如下：

（1）传统模式具有人工吊装、多人协作、效率低下等缺点，而柔性检测系统实现了试品转场自动化，拥有智能传输、无人操作、安全高效等优势；

（2）传统模式具有多次接线、手动操作、功能单一等缺点，而柔性检测系统实现了电气试验智能化，拥有一次接线、一次操作、智能试验等优势；

（3）传统模式具有纸质记录、人工分析、出错率高等缺点，而柔性检测系统实现了数据管理信息化，拥有自动采集、自动分析、自动存档等优势；

（4）传统模式具有手动围栏、人工监督、隐患较多等缺点，而柔性检测系统实现了安全保障系统化，拥有系统保护、安全防护、闭锁管控等优势。

众多新型检测机构虽然具备物资抽检试验的能力，但是由于小部分试验人员经验不足、技术有限，对抽检试验过程中的异常情况很难有准确的判断，甚至出现了对异常情况分析无从下手的情况。

异常情况的分析往往比较重要，通过异常情况分析不仅可以为国网公司提供有力的技术支撑，也能有效地指导设备厂商完善自身产品，对入网物资的质量提高有极大的促进作用。因此，各个检测机构均应增加抽检试验异常情况分析能力及经验。

本书详细介绍了配电变压器、电流互感器（35kV 及以下）、电磁式电压互感器（35kV 及以下）、高压开关柜等四类物资的一些典型案例及其分析过程。

根据《导则》的要求，关于这四类物资检测机构应具备的检测能力见表 1－1～表 1－4。

表 1－1　　配电变压器检测试验项目

序号	项目名称	检测能力级别（不仅限于此）		
		A 级	B 级	C 级
1	绕组对地及绕组间直流绝缘电阻测量	★	★	★
2	吸收比测量	★	★	★
3	绝缘系统电容的介质损耗因数（$\tan\delta$）测量（油浸式变压器适用）	★	★	★
4	绕组对地及绕组间电容测量	★	★	★
5	绕组电阻测量	★	★	★
6	电压比测量和联结组标号检定	★	★	★
7	空载损耗和空载电流测量	★	★	★
8	短路阻抗和负载损耗测量	★	★	★
9	外施耐压试验	★	★	★
10	感应耐压试验	★	★	★

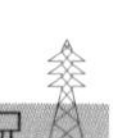

续表

序号	项目名称	检测能力级别（不仅限于此）		
		A 级	B 级	C 级
11	局部放电测量（干式变压器适用）	★	★	
12	绝缘液试验（油浸式变压器适用）	★	★	★
13	压力密封试验（油浸式变压器适用）	★	★	
14	温升试验	★	★	
15	雷电冲击试验（全波和截波）	★	★	
16	在 90%和 110%额定电压下的空载损耗和空载电流测量	★	★	★
17	短时过负载能力试验（油浸式变压器适用）	★	★	
18	声级测定	★	★	
19	压力变形试验（油浸式变压器适用）	★	★	
20	三相变压器零序阻抗测量（油浸式变压器适用）	★	★	
21	绝缘液中溶解气体测量	★	★	
22	短路承受能力试验	★		

表 1-2　　电流互感器（35kV 及以下）检测试验项目

序号	项目名称	检测能力级别（不仅限于此）		
		A 级	B 级	C 级
1	温升试验	★	★	
2	一次端冲击耐压试验	★	★	
3	户外型互感器的湿试验	★	★	
4	准确度试验	★	★	★
5	外壳防护等级的检验	★		
6	环境温度下密封性能试验（气体绝缘产品适用）	★	★	
7	短时电流试验	★		
8	气体露点测量（气体绝缘产品适用）	★	★	★
9	一次端工频耐压试验	★	★	★
10	局部放电测量	★	★	
11	电容量和介质损耗因数测量	★	★	★
12	段间工频耐压试验	★	★	★
13	二次端工频耐压试验	★	★	★
14	标志的检验	★	★	★
15	环境温度下密封性能试验	★	★	

续表

序号	项目名称	检测能力级别（不仅限于此）		
		A 级	B 级	C 级
16	二次绕组电阻（R_{ct}）测定	★	★	★
17	二次回路时间常数（T_s）测定（准确级为 TPY、TPX、TPS 的电流互感器适用）	★	★	
18	额定拐点电动势（E_k）和 E_k 下励磁电流的试验（准确级为 TPY、TPX、TPS 的电流互感器适用）	★	★	
19	匝间过电压试验	★	★	★
20	绝缘油性能试验	★	★	★
21	一次端截断雷电冲击耐压试验	★	★	
22	剩磁系数测定（准确级为 TPY、TPX、TPS 的电流互感器适用）	★	★	
23	测量用电流互感器的仪表保安系数（FS）测定（间接法）	★	★	

表 1-3　　电磁式电压互感器（35kV 及以下）检测试验项目

序号	项目名称	检测能力级别（不仅限于此）		
		A 级	B 级	C 级
1	温升试验	★	★	
2	一次端冲击耐压试验	★	★	
3	户外型互感器的湿试验	★	★	
4	准确度试验	★	★	★
5	外壳防护等级的检验	★		
6	环境温度下密封性能试验（气体绝缘产品适用）	★	★	
7	短路承受能力试验	★		
8	励磁特性测量	★	★	★
9	气体露点测量（气体绝缘产品适用）	★	★	★
10	一次端工频耐压试验	★	★	★
11	局部放电测量	★	★	
12	电容量和介质损耗因数测量	★	★	★
13	段间工频耐压试验	★	★	★
14	二次端工频耐压试验	★	★	★
15	标志的检验	★	★	★
16	环境温度下密封性能试验	★	★	
17	绝缘油性能试验	★	★	★
18	低温和高温下的密封性能试验（气体绝缘产品适用）	★		

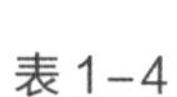

表 1-4　　高压开关柜检测试验项目

序号	项目名称	检测能力级别（不仅限于此）		
		A 级	B 级	C 级
1	接线形式、相序、空气净距检查	★	★	★
2	雷电冲击试验	★	★	
3	工频耐压试验	★	★	★
4	主回路电阻测量	★	★	★
5	温升试验	★	★	
6	短时耐受电流和峰值耐受电流试验	★		
7	防护等级检验	★	★	
8	密封试验	★	★	
9	电磁兼容性试验（EMC）	★		
10	辅助和控制回路的绝缘试验	★	★	★
11	关合和开断能力的验证	★		
12	机械操作和机械特性试验	★	★	★
13	内部故障电弧试验	★		
14	环境试验	★		
15	电气联锁试验	★	★	★
16	柜体尺寸、厚度、材质检测	★	★	★
17	隔离开关触头镀银层厚度检测	★	★	★

检测能力 A 级和 B 级的试验中部分为破坏性试验，并不适用于在物资抽检中开展，本书所涉及的试验项目包括部分 B 级试验和 C 级试验均适用于物资抽检，仅是应具备的检测能力中的一小部分，为了便于理解，本书中每一章节均会先对案例所涉及的抽检试验项目做简单的介绍，之后详细介绍相应试验的异常情况分析。

第2章　配电变压器抽检试验及典型案例分析

2.1　配电变压器温升试验

2.1.1　试验意义介绍

变压器绝缘的热老化与变压器油及绕组的温度有直接关系。当变压器运行时频繁出现过负荷现象，即便平均负荷小于额定负荷，但是由于负荷过冲会造成变压器温度急剧升高，会大大地加速变压器绝缘老化，严重影响变压器实际运行寿命，甚至引起重大事故。

2.1.2　试验依据及要求

试验依据：《国家电网有限公司物资采购标准》《供货合同技术文件》《电力变压器　第2部分：液浸式变压器的温升》（GB/T 1094.2）、《电力变压器　第11部分：干式变压器》（GB/T 1094.11）、《电力变压器试验导则》（JB/T 501）。

要求：对于液浸式变压器，顶层液体温升不大于55K，绕组平均温升不大于65K；对于干式变压器，绕组温升不大于100K（F级）/125K（H级）。

2.1.3　试验方法简述

温升是指所考虑部位的温度与外部冷却介质的温度差值。

进行温升试验时，试验场地冷却空气温度不应低于5℃；为保证试验不受外在因素影响，试验结果准确，试验时变压器应置于较为宽阔处，周围不得有墙壁、热源等干扰，同时实验室室温应该相对稳定，避免空气对流引起的环境温度变化；由于比热容的差异，为防止变压器油温变化比空气温度变化滞后引起误差，可以将测量环境温度的传感器长时间置于不少于1000mL的金属油杯中。

2.1.3.1 液浸式配电变压器温升

一般来讲，液浸式配电变压器温升试验采用短路法。

配电变压器温升试验需要测定在稳态条件及总损耗下的顶层液体温升和液体平均温升以及测定在额定电流及液体平均温升下的绕组平均温升。

试验开始前，需向配电变压器箱盖上的温度传感器座注满变压器油，经长时间在温度稳定的实验室内静置后，测量配电变压器高、低绕组的直流电阻值以及绕组温度，测量变压器的空载损耗和参考温度下的负载损耗。

温升试验分两个阶段进行：

（1）第一阶段（施加总损耗）。当施加对应于变压器最大总损耗的试验电流时，测定顶层液体温升。试验过程中，监测顶层液体和冷却空气温度，试验需持续进行，直到液体的温升稳定为止。

当顶层液体温升的变化率小于 1K/h，并至少维持 3h 时，本试验阶段结束。

（2）第二阶段（施加额定电流）。顶层液体温升测定之后，应立即将试验电流降至额定电流继续试验，持续 1h，在此期间应记录顶层液体温度和外部冷却空气温度。施加额定电流 1h 结束时，立刻切断电源和打开短接线，测量两个绕组的电阻。

根据绕组电阻值变化，并考虑电流降到额定电流时液体温度的降低以及外部冷却空气温度的变化来确定变压器两绕组的平均温度。

2.1.3.2 干式配电变压器温升

一般来讲，干式配电变压器温升试验采用模拟负载法。

温升值是通过短路试验和空载试验的组合来确定。

试验开始前，配电变压器需在温度稳定的实验室内长时间静置，变压器的温度应达到稳定，之后测量变压器高、低绕组的直流电阻值及绕组温度。

绕组的短路试验是在一个绕组流过额定电流而另一个绕组短路下进行的，且持续到绕组和铁心温度均达到稳态为止，即每小时的温升变化值不超过 1K（温度测量位置应该是配电变压器中间的心柱上），然后确定各绕组的温升。

空载试验，应在额定频率和额定电压下进行，持续到绕组和铁心温度均达到稳态时为止，然后测出各自绕组的温升。

温升试验程序有两种，可采用任意一种：

（1）先开展绕组短路试验，然后开展空载试验。

（2）先开展空载试验，然后开展绕组短路试验。

最终，绕组总温升计算公式为

$$\Delta\theta_c' = \Delta\theta_c\left[1+\left(\frac{\Delta\theta_e}{\Delta\theta_c}\right)^{1/K_1}\right]^{K_1}$$

式中　$\Delta\theta_c'$ ——绕组总温升；

$\Delta\theta_c$ ——短路试验下的绕组温升；

$\Delta\theta_e$ ——空载试验下的绕组温升；

K_1 ——对于自冷式变压器为 0.8；对于风冷式变压器为 0.9。干式配电变压器如果配备有风机，一般来讲温升试验时不启动风机，该系数选择 0.8。

2.2　配电变压器外施耐压试验

2.2.1　试验意义介绍

根据有关数据显示，在电气设备运行过程中发生故障的变压器有 60%是绝缘性能不良导致的。外施耐压试验是判断变压器绕组绝缘性能的重要手段，是考验变压器主绝缘是否能承受绝缘过电压能力的有效方法。

外施耐压试验主要考核变压器主绝缘的缺陷，例如，绕组主绝缘开裂、受潮或者在运输过程中引起的引出线距离不够等。对于鉴别电气设备是否能够投入运行具有非常重要的意义。外施耐压试验是保证设备绝缘水平、避免事故发生的重要手段。

在物资抽检试验过程中，对配电变压器进行外施耐压试验时，不合格的配电变压器内部会出现放电噪声或者出现击穿放电现象。虽然外施耐压试验不合格的设备占不合格设备的比重较少，但是其性质极其严重。

2.2.2　试验依据及要求

试验依据：《国家电网有限公司物资采购标准》《供货合同技术文件》《电力变压器　第 3 部分：绝缘水平　绝缘试验和外绝缘空气间隙》（GB/T 1094.3）、

《电力变压器试验导则》（JB/T 501）。

要求：规定试验电压和规定时间内电压不出现突然下降。

2.2.3　试验方法简述

配电变压器的外施耐压试验要求对变压器的高、低压绕组分别进行外施耐压试验。

在对高压绕组施加试验电压时，将低压绕组短接并与变压器油箱一起接地，将试验电压施加于高压绕组上，10kV 配电变压器的试验电压规定值为 35kV，施加试验电压持续 60s，电压不出现突然下降则判定试验合格。

在对低压绕组施加试验电压时，将高压绕组短接并与变压器油箱一起接地，将试验电压施加于低压绕组上，10kV 配电变压器的试验电压规定值为 5kV，施加试验电压持续 60s，电压不出现突然下降判定试验合格。

2.3　配电变压器感应耐压试验

2.3.1　试验意义介绍

感应耐压试验包括短时感应耐压试验和长时感应耐压试验。

短时感应耐压试验是专门用于检验变压器纵绝缘性能的测试方法之一。相对于变压器的主绝缘即绕组与绕组之间以及绕组与铁心之间的绝缘而言，变压器还有另外一项重要的绝缘性能指标——纵绝缘，纵绝缘是指变压器绕组具有不同电位的不同点和不同部位之间的绝缘，主要包括绕组匝间、层间和段间的绝缘性能以及绕组对地及对其他绕组和相间绝缘的电气强度。

长时感应耐压试验用于验证变压器在运行条件下有无局部放电。

一般来说，10kV 配电变压器只开展短时感应耐压试验。

变压器等设备在生产制造完成后，由于没有经受过现场等恶劣环境的长期考验，仅进行常规绝缘试验对于变压器绕组匝间、层间、段间的电压不足以达到其电介质缺陷处的击穿电压，所以不能发现这些绝缘缺陷处的放电和击穿现象。而存在绝缘故障隐患的变压器与绝缘性能良好的同类变压器的空载试验数据并没有太大差异，所以很难发现故障隐患。对变压器进行感应耐压试验就是给变压器施加两倍的额定电压，可以在变压器纵绝缘的缺陷处建立起更高的集中场强，绕组匝间、层间、段间的电压达到并超过电介质缺陷处的击穿电压。试验人员进行感应耐压试验时，给变压器施加三倍频率的电压，较高的频率可以大大降低固体电介质的击穿电压，使得设备绝缘缺陷更容易被发现。

2.3.2 试验依据及要求

试验依据：《国家电网有限公司物资采购标准》《供货合同技术文件》《电力变压器　第 3 部分：绝缘水平　绝缘试验和外绝缘空气间隙》（GB/T 1094.3）、《电力变压器试验导则》（JB/T 501）。

要求：规定试验电压和规定时间内电压不出现突然下降。

2.3.3 试验方法简述

通常当试验电压频率小于或等于 2 倍额定频率时，其全电压下的试验时间为 60s。当试验频率超过两倍额定频率时，试验时间应为 120×（额定频率/试验频率）（s），但不少于 15s，即频率采用 150Hz 时，试验时间为 40s。

试验时低压侧施加试验电压，试验应在不大于规定试验电压的 1/3 电压下接通电源，并应与测量配合尽快升至试验电压值。施加电压达到规定的时间后，应将电压迅速降至试验电压的 1/3 以下，然后切断电源。感应耐压接线图如图 2−1 所示。

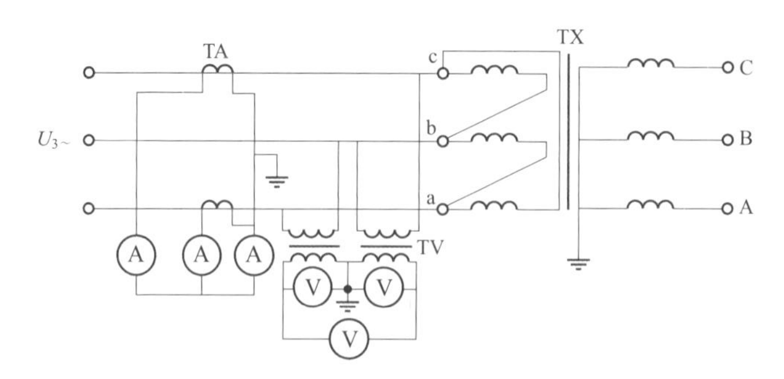

图 2−1　变压器感应耐压的试验接线图

TA—电流互感器；TV—电压互感器；TX—被试变压器；A—电流表；V—电压表

试验电压为相对地试验电压，数值为（$2\times U_N$）/$\sqrt{3}$。如果用户同意，则该试验可由 IVPD 试验代替，其增强电压为（$2\times U_N$）/$\sqrt{3}$。试验电压应尽可能接

近2倍额定电压，即线电压800V。

2.4　配电变压器局部放电测量（干式变压器适用）

2.4.1　试验意义介绍

局部放电是高压电气设备发生绝缘击穿的重要原因之一，也是绝缘劣化的重要标志。局部放电对电气设备的绝缘会产生不同程度的影响，严重情况下会导致绝缘介质击穿、设备故障。局部放电量水平可以有效检测出电气设备内部的绝缘状况，是发现设备潜在绝缘故障的有效手段。因此，对电气设备机械局部放电检测是保证设备安全、稳定运行的重要手段。

电气设备中常见的局部放电类型主要有内部气隙放电、沿面放电、电晕放电和悬浮放电4种类型。

局部放电时，单次能量不大，短时间内不会影响电气设备的整体绝缘。但是随着时间的推移，局放水平累计扩大，会急剧设备整体绝缘的下降，严重影响设备绝缘性能，导致击穿。

2.4.2　试验依据及要求

试验依据：《国家电网有限公司物资采购标准》《供货合同技术文件》《电力变压器　第11部分：干式变压器》（GB/T 1094.11）、《电力变压器试验导则》（JB/T 501）。

要求：局部放电背景水平低于5pC，局部放电量低于10pC。

2.4.3　试验方法简述

为了避免绕组内部和测量回路中出现放电脉冲的衰减，局放试验开始前要对试验测量线路进行校准，将标准脉冲校准器发出的模拟放电脉冲依次施加到变压器高压绕组的每个端子上。

局部放电试验是在所有绝缘试验结束后进行，采用三相无局部放电变频电源对配电变压器低压侧施加试验电压，高压侧由A、B、C三相顺序依次连接三个检测阻抗，用来直接测量局部放电水平。

试验频率采用三倍频 150Hz，避免励磁电流过大。

试验过程中先在配电变压器低压侧相间预加 1.8 倍的额定电压，持续时间 30s，然后在不切断电源的情况下将相间电压降至 1.3 倍的额定电压，持续 180s，在此期间测量局部放电水平，并且选取局部放电量最大值作为最终测量结果，电压施加方式如图 2–2 所示。

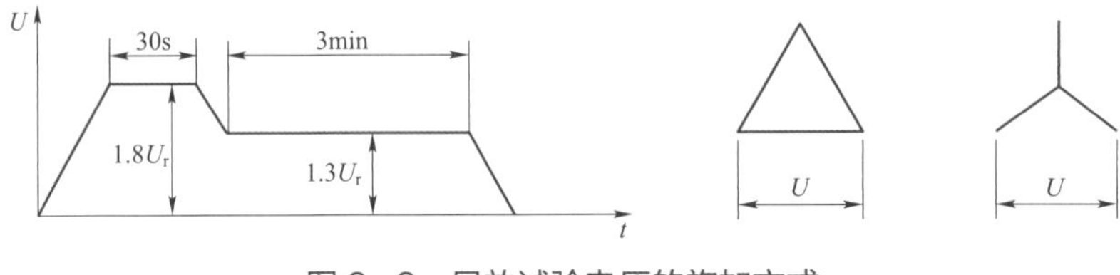

图 2–2　局放试验电压的施加方式

2.5　配电变压器雷电冲击试验

2.5.1　试验意义介绍

电气设备在电力系统运行中除了要承受正常运行的电压，还有可能要承受短时过电压或雷电过电压的冲击。为了考验电力设备耐受雷电过电压的能力，使用冲击电压发生器进行模拟雷击的试验就是雷电冲击试验。配电变压器进行雷电冲击试验，对确保电网安全、稳定运行具有重要意义。

2.5.2　试验依据及要求

试验依据：《国家电网有限公司物资采购标准》《供货合同技术文件》《电力变压器　第 3 部分：绝缘水平、绝缘试验和外绝缘空气间隙》（GB/T 1094.3）、《电力变压器　第 4 部分：电力变压器和电抗器的雷电冲击和操作冲击试验导则》（GB/T 1094.4）、《电力变压器试验导则》（JB/T 501）。

要求：对于 10kV 配电变压器，标准规定额定雷电冲击耐受电压（全波）为 75kV，试验冲击波应为标准雷电冲击全波：（1.2μs±30%）/（50μs±20%）。试验波形按标准中的要求，在降电压下记录的电压和电流波形图与全电压下记录的电压和电流波形图无明显差异。

2.5.3　试验方法简述

对于配电变压器，绕组的其他线路端子应直接接地或通过一个不超过所连接的线路波阻抗的低阻抗接地。试品和冲击电压发生器之间应采用阻抗较低的电流回路，并且该回路的引线要紧密连接到实验室地网的接地点上。而雷电冲击的电压测量电路是一个单独回路，该回路只通过测量电流且该电流只占冲击电流的一小部分，也应该牢固的连接到地网接地点上。接线方式如图 2-3 所示。

图 2-3　配电变压器雷电冲击试验接线

按照试验设备、被试品以及测量电路的实际连接顺序，主要电路可归纳为以下三类：

（1）主电路：冲击发生器，调波原件和被试品；

（2）电压的测量电路；

（3）截波测量电路（备用）。

配电变压器典型雷电冲击试验电路图见图 2-4。

对被试变压器的每一相进行一次电压为 50%～75%全试验电压的冲击，然后进行三次全电压冲击，如果在任意一次冲击试验时发生外部闪络或者出现波形图记录失效，则这一次冲击不计入并应当重新进行一次试验。

试验结果参数中，波头时间 T_1 和半峰值时间 T_2 的调节是通过调节串联电阻 R_{se} 来实现的，调节电阻阻值常用的有 10、20、45、100、150Ω 和 200Ω。

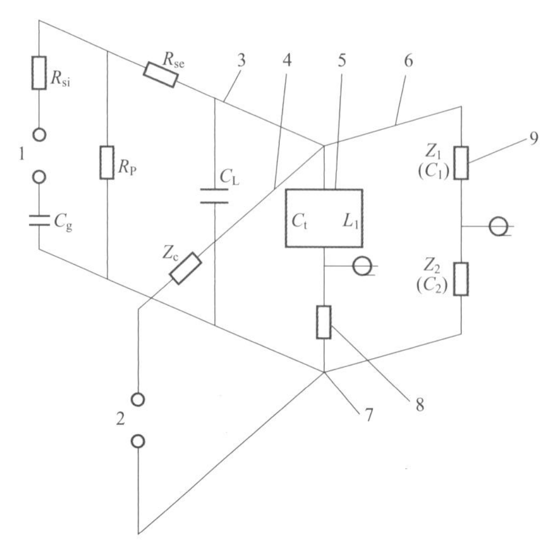

图 2-4　典型冲击试验电路图

1—冲击发生器；2—截断间隙；3—主电路；4—截断电路；5—试品；6—电压测量电路；7—参考接地点；8—分流器；9—分压器；C_g—发生器电容；C_L—负载电容；C_t—试品等效电容；L_t—试品等效阻抗；R_{si}—内部串联电阻；R_{se}—外部串联电阻；R_P—并联电阻；Z_c—截断电路中的附加阻抗；Z_1（C_1）—分压器高压侧阻抗（电容）；Z_2（C_2）—分压器低压侧阻抗（电容）

2.6　配电变压器绝缘油耐压试验（油浸式变压器适用）

2.6.1　试验意义介绍

检测变压器油的绝缘强度：变压器油的介电强度或击穿电压，是衡量在电气设备内部耐受电压的能力而不被破坏的尺度。该试验可以判断油中是否有水分、杂质和导电微粒，若油中有水或杂质存在会使击穿电压变小，因为水和固体的导电性比油大。

2.6.2　试验依据及要求

试验依据：《国家电网公司物资采购标准》《供货合同技术文件》《电力变压器 第 1 部分：总则》（GB/T 1094.1）、《绝缘油击穿电压测定法》（GB/T 507）、《运行中变压器油质量》（GB/T 7595）、《电力变压器试验导则》（JB/T 501）。

要求：35kV 及以下电压等级的配电变压器击穿电压不小于 35kV。

2.6.3　试验方法简述

向置于规定设备中的被测试样上施加按一定速率连续升压的交变电场，直至试样被击穿。

（1）第一次加压是在装好试样，并检查完电极间无可见气泡 5min 之后进行的，在电极间按 2.0kV/s 的速率缓慢加压至试样被击穿，击穿电压为电路自动断开（产生恒定电弧）或手动断开（可闻或可见放电）时的最大电压值。

（2）记录击穿电压值。达到击穿电压至少暂停 2min 后，再进行加压，重复 6 次。

（3）计算 6 次击穿电压的平均值。

2.7　配电变压器抽检试验典型案例分析

2.7.1　配电变压器的有载真空调压开关真空管泄漏导致温升试验异常

2.7.1.1　情况说明

（1）设备信息。该设备为 S13–M–400/10 型号的配电变压器。该配电变压器采用永磁真空有载调压方式，安装有卧式有载调压开关，为新型节能型配电变压器。永磁真空有载调压配电变压器如图 2–5 所示。

图 2–5　永磁真空有载调压配电变压器

2017 年国网公司推出《国家电网公司新项目技术目录（2017 版）》，书中明确将永磁真空有载调容调压配电变压器定义为节能型配电变压器，并大力推广。该类型配电变压器国外未见使用，国内自 2012 年开始试点应用。

（2）有载调压开关主要工作原理。当电动机构由 1→N 方向转动时，丝杆、丝母机构带动分接选择器动触头依照级进控制原理交替地预选分接抽头。一旦分接抽头预选完成后，发出信号，指令永磁机构动作，通过齿条、齿轮机构带动转轴旋转，从而带动主、副真空管和转换触头按照预定程序完成通断变换。至此，开关完成了一个完整的换挡动作。有载调压开关操作方式见图 2-6。

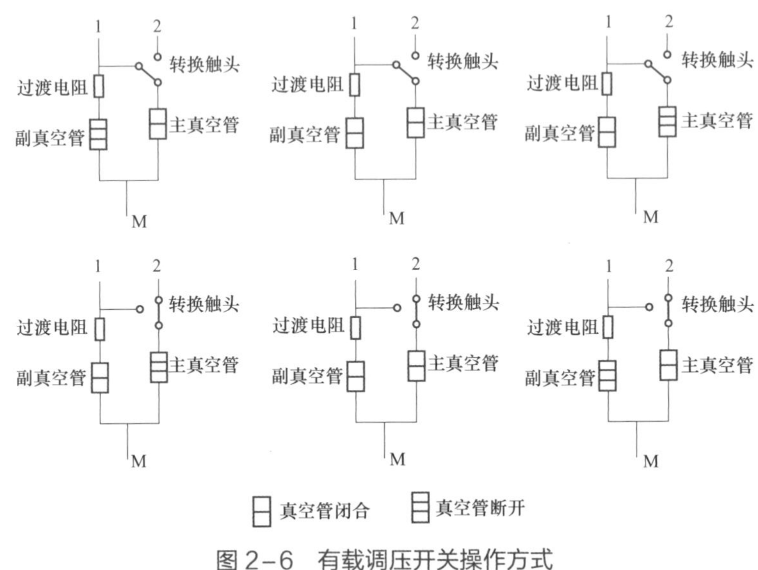

图 2-6　有载调压开关操作方式

有载调压开关处于档位 1 位置时，电流从档位 1，通过主真空管流向变压器绕组角接点。

档位开始切换时，副真空管闭合，电流从档位 1，通过过渡电阻、副真空管流向变压器绕组角接点。

接下来主真空管断开，电流从档位 1 档，通过过渡电阻、副真空管流向变压器绕组角接点。

有载调压开关切换到档位 2 时，电流从档位 1，通过过渡电阻、副真空管流向变压器绕组角接点。

接下来主真空管闭合，电流从档位 2，通过主真空管流向变压器绕组角接点。

有载开关档位切换完成，副真空管断开，电流从档位 2，通过主真空管流向变压器绕组角接点。

（3）真空管结构。主、副真空管结构相同，主要用于有载调压开关切换分接时的灭弧。

真空管内为 100%真空状态，动、静触头断开后在波纹管内灭弧。

真空管主要由静触头、动触头、静触头导电杆、动触头导电杆、陶瓷外壳、

金属波纹管等组成，真空管结构见图 2-7。

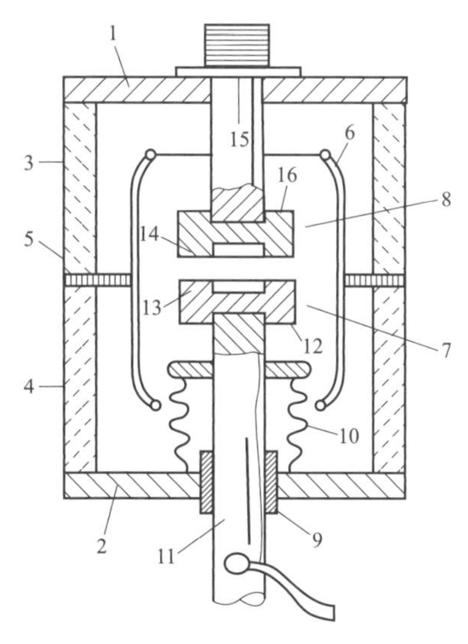

图 2-7　真空管结构图

1—灭弧室金属上端盖；2—灭弧室金属下端盖；3—灭弧室上部陶瓷外壳；4—灭弧室下部陶瓷外壳；5—中间封接环状金属部件；6—金属屏蔽罩；7—动触头；8—定触头；9—导向管；10—金属波纹管；11—动触头导电杆；12—动触头金属基座；13—动触头铜铬合金表层；14—定触头铜铬合金表层；15—定触头导电杆；16—定触头金属基座

（4）异常现象简述。温升试验过程中，当配电变压器处在施加总损耗阶段时，试验人员监控到该设备的顶层液体温度达到 50℃左右，对该设备施加的 B、C 相电流突然下降，仪器设备自动保护，导致温升试验终止。

试验电流出现下降状态时监控的电流值如图 2-8 蓝框处所示。

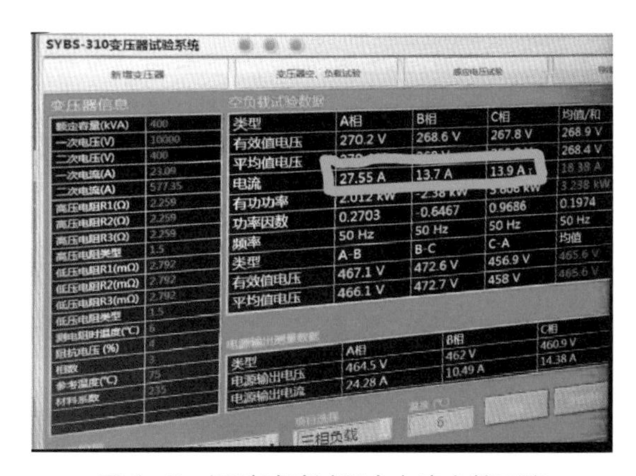

图 2-8　温升试验过程中电流突然下降

2.7.1.2　排查及分析

（1）检测仪器排查。试验人员首先采用反复测量的方式排查问题，对该配电变压器重复开展温升试验，试验现象相同，反复开展4次均出现相同现象。

然后试验人员采用设备比对方式，将异常配电变压器从工位运离，更换同型号的设备再次开展温升试验，试验过程无异常，由此证明该试验的异常不是由于检测仪器导致，而是由于配电变压器内部原因导致。

（2）试验数据分析。试验人员在该配电变压器出现异常后，立刻拆除试验线，测量变压器高、低压电阻值，并将测量结果与温升试验开展前测量的冷态直流电阻结果比较。温升试验前后测量的电阻值分别列出，表2–1为冷态直流电阻测量结果，表2–2为热态直流电阻测量结果。

表2–1　冷态直流电阻测量结果

高压侧	A–B（Ω）	B–C（Ω）	C–A（Ω）
	2.281	2.277	2.279
低压侧	a–b（mΩ）	b–c（mΩ）	c–a（mΩ）
	2.827	2.822	2.860

表2–2　热态直流电阻测量结果

高压侧	A–B（Ω）	B–C（Ω）	C–A（Ω）
	4.390	8.843	4.379
低压侧	a–b（mΩ）	b–c（mΩ）	c–a（mΩ）
	3.550	3.519	3.723

通过比对两组电阻值测量结果，发现温升试验出现异常现象时，高压侧B–C相阻值较大，并且大致为A–B、C–A相电阻值之和。可以判断在50℃左右的温度状态下B–C相突然开路，瞬间阻抗增大，导致电流下降。

（3）解体分析。试验人员首先检查该配电变压器外观，未见异常。

试验人员决定采用解体检查的方式，将该配电变压器解体，检查绕组各焊接位置，检查结果为焊接牢靠、无松动。焊接位置检查如图2–9所示。

试验人员将配电变压器复位，再次对该设备开展温升试验，发现当配电变压器顶层液体温度达到50.8℃时，异常现象出现。检测到的温度如图2–10所示。然后马上吊心检查，测试变压器绕组的直流电阻，测量结果趋势同第一次试验相同，测量结果如图2–11所示。

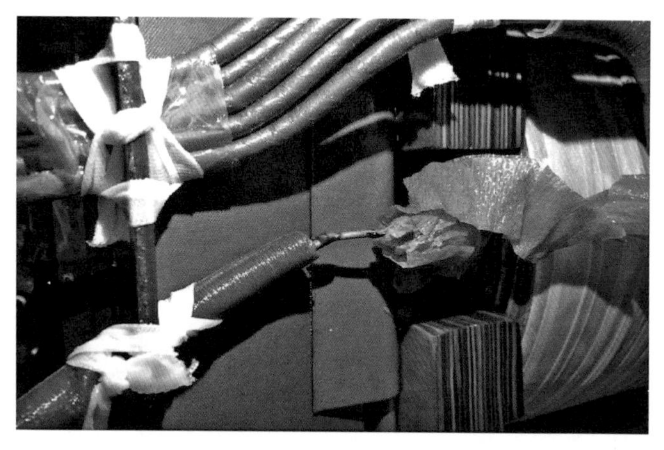

图2–9　解体检查

图2–10　异常时，配电变压器顶层液体温度

油浸……变压器成品试验报

保存期限：3年

型　号

1、电压比测量和联结组标号检定

分接位置	高压电压(kV)	低压电压(kV)	AB/ab
第一分接	10.50	0.4	
第二分接	10.25		
第三分接	10.00		
第四分接	9.75		
第五分接	9.50		

2、绕组直流电阻测定

	高		压	（单位：Ω）	
分接位置	第一分接	第二分接	第三分接	第四分接	第五分接
A—B			4.180		
B—C			8.387		
C—A			4.175		
不平衡率	%	%	%	%	%

3、绝缘电阻和变压器油试验　　相对湿度　　%

	测试部位	（MΩ）
绝缘电阻	高压—低压及地（2500V/60S）	5000
	低压—高压及地（2500V/60S）	5000
	铁心及夹件对地绝缘（500V/60S）	5000

4、绝缘耐压试验

外施耐压　高压—低压及地(kV)

图2–11　配电变压器直流电阻测量结果

试验人员立刻断开配电变压器与有载调压开关的连线，测试配电变压器绕组的直流电阻，测试结果数据无异常，证明配电变压器绕组完好。

试验人员将有载调压开关从配电变压器上完全拆卸下来。拆卸的有载调压开关如图 2-12 所示。

图 2-12　拆卸的有载调压开关

拆卸有载调压开关后，试验人员测试有载调压开关的各相首末端触点回路，测量回路接线方式如图 2-13，测量有载开关 A、C 相回路均导通，测 B 相时无法测量电阻值，将有载调压开关在自然环境下静置，待冷却后重复测量开关 B 相时，B 相回路恢复导通。通过以上操作步骤，可以确认，有载开关处于 50℃左右时，开关 B 相回路会出现开路现象，温度降低时断开回路恢复导通。

图 2-13　测量真空有载开关各相阻值

试验人员为了排查有载开关出现该异常现象的原因，将拆卸下的有载开关单独放进烘房升温，当烘房温度达到70℃左右，测量有载开关各相回路阻值，测量结果为开关A、C相阻值正常，开关B相出现开路现象、无阻值。对开关B相回路分段测试通断，测量到B相主真空管两端时出现开路现象，出现开路位置如图2–14所示，其余各部分均正常。有载开关自然冷却降温，B相回路恢复正常通断。

图2–14　真空管测量出断开的位置

正常完好的真空管由于其内部是真空状态，周围环境温度对其影响非常小。从以上发现分析，此真空管存在渗漏，内部真空已经遭到破坏，某种介质（空气或油）渗漏到真空管中，这种介质随温度升高而膨胀，迫使动触头向外运动，造成动静触头分离，形成开路，从而导致配电变压器B相开路。

这一推断与之前的试验现象非常符合，确定为配电变压器温升试验中断的原因。

（4）验证。试验人员将另一台测试合格的有载分接开关安装到本台变压器上，再次开展温升试验，温升试验结果合格，试验结果如图2–15所示。

同时，试验人员将有载调压开关的真空管拆下，测量触头接触电阻，发现故障真空管实测值约300μΩ，其余5个真空管实测值均≤120μΩ。试验人员进一步将有载调压开关拆下的真空管（共6个）置于温度60～70℃的热油中2h后，测量发现故障真空管出现开路现象，其余5个真空管实测值均正常，且≤120μΩ。试验人员接下来将故障开关拆下的真空管（共6个）在额定开距下进行耐压试验，发现故障真空管工频耐受电压只能维持在7～8kV，其他5个真空管均正常。

以上试验可以验证对该异常的分析。

2.7.1.3　预防措施与建议

目前国内对永磁真空有载调压配电变压器的开关的真空管缺乏相应的检测标准，建议组织专家研讨弥补这部分空缺。

油变温升试验

Oil Transformer Temperature–rise Test

产品型号：S13-M-400/10　　　　产品编号：2018.4381#

试验方法 Tested method			短路法 Short-circuit method		
顶层油温升 Top oil temperature-rise					
最大总损耗 Max. total losses	4.716 kW	实际施加损耗 Real losses	4.726 kW	开关位置 Tap position	3
绕组温升 Winding temperature-rise					
试验相 Test phase		冷态电阻 4 ℃ Cool resistance	额定试验电流 Rated test current	实际施加电流 Real current	
高压 HV	测试设备：	2.261 / 2.863 Ω	23.10 A	23.10 A	
低压 LV	测试设备：	2.806 / 3.594 mΩ			

计算结果：　Calculation result

油温升 Oil temperature-rise	顶层油 Top oil	47.6 K	环境温度 Environmental temperature	10.8 ℃
	平均油 Oil average	38.1 K		
油平均温度 Oil average temperature	总损耗时		48.9 ℃	
	额定电流		48.4 ℃	
绕组温升 Winding temperature-rise	高压 HV	57.3 K	环境温度 ambient temperature	10.9 ℃
	低压 LV	60.8 K		℃

图 2-15　变压器温升试验结果

真空有载分接开关的生产设备厂商应该对有载分接开关的真空管建立起完善的检测制度。

2.7.2　配电变压器箱体严重渗漏油导致温升试验中断

2.7.2.1　情况说明

（1）设备信息。该设备为 S13-M.RL-400/10 型号的配电变压器。配电变压器如图 2-16 所示。

（2）油位计工作原理。配电变压器均安装有油位计，油位计如图 2-17 所示。油位计均安装在配电变压器箱盖上部，显示器身内的油位，油位上部的视窗中出现蓝色标示时为油位正常，出现红色标示时为油位异常，需适当补油。

油位计顶端均装有压力释放阀，在油箱内压力升高到能将释放阀开启的压力时，释放阀被迅速顶开释放压力，防止发生危险，压力释放阀如图 2-18 所示。

（3）变压器油的膨胀系数。热膨胀是指在外压强不变的情况下，物体因温度改变而发生的膨胀现象。

图 2–16　配电变压器

图 2–17　油位计

表征物体热膨胀性质的物理量叫做膨胀系数，即表征物体受热时其长度、面积、体积增大程度的物理量。

由于变压器油的成分不同，其膨胀系数也有所不同，大致为 0.000 72/℃。当配电变压器开展温升试验时，变压器油的温度升高，变压器油的体积增大。因此，配电变压器在进行温升试验前，一定要松开压力释放阀上的锁定螺丝，将锁位框取下或向下旋转，防止压力释放阀被阻挡，以保证压力释放阀能正常工作。

图 2–18　压力释放阀

如果配电变压器器身内的变压器油较多，同时，变压器油的膨胀系数较大，则温升试验过程中，变压器油会通过释压器流到器身外，此现象不能被当作异常现象。

（4）异常现象简述。试验人员监控到该配电变压器在温升试验过程中，当变压器的顶层液体温度达到 50℃左右时，该变压器的箱壁流淌出大量变压器油。由于渗漏油情况较为严重，同时不确定渗漏油的位置，出于安全考虑试验人员停止了温升试验。

2.7.2.2　排查及分析

（1）外观检查。试验人员检查了该配电变压器的油位计、压力释压阀。油位计显示为蓝色，证明该设备绝缘油储量充足，同时释压阀的锁位框处于取下状态；油位计上没有油渍，证明该次渗漏油并不是由于变压器温度升高导致的变压器油热膨胀，从而从油位计流出。

图 2-19　变压器渗漏油位置

试验人员仔细检查该设备的箱体，确定渗漏油位置在箱盖与箱壁的连接处，具体位置见图 2-19 蓝框处。

标准配电变压器箱盖与箱壁的连接处通过螺栓紧固连接，中间夹有密封圈防止空气渗入以及变压器油渗出。

该设备渗漏油位置的箱盖出现了些许变形，导致与箱壁出现了缝隙，同时可以观察到中间的密封垫存在一定老化。

（2）分析与验证。密封性能对于油浸式配电变压器十分重要，因为配电变压器在运行状态下不能有气体或液体渗漏到器身内部，同时，变压器油也不能渗漏到外部。如果有气体或液体渗漏到变压器内部，会导致在内部产生大量气体，加速绝缘件老化，影响变压器绝缘能力；同时如果变压器油大量渗漏到外部，会导致变压器内部缺油，影响变压器散热与绝缘能力，严重时会导致变压器烧毁，酿成严重事故。

变压器密封试验方法主要分为气压试漏法、油压试漏法和负压检测。

该配电变压器密封性不足可能是由于如下原因导致：

（1）密封圈本身存在质量问题，导致该配电变压器密封性不足；

（2）箱盖与箱壁安装时压缩量过大，压缩量偏大会导致密封垫变形严重，从而使密封圈老化；

（3）箱盖与箱壁安装时压缩量不足，连接处产生缝隙；

（4）箱盖与箱壁连接处出现变形。

对该设备检查时，发现渗漏油处的箱盖出现了轻度变形，根据判断应该是箱盖吊起所导致。

为验证这一判断，试验人员对该设备做进一步检测，发现该设备箱盖上的吊环已经出现严重磨损。顶盖吊环如图 2–20 所示。

图 2–20　变压器顶盖吊环

吊环磨损严重应该是频繁使用导致。箱盖吊环仅用于配电变压器吊芯使用，不应该出现频繁使用的情况。

检测人员判定由于运输及安装人员操作不当，导致该设备在长期的吊装过程均是将箱盖吊环作为吊装位置，由于箱盖无法承受整台设备的重量，导致箱盖出现变形，正是由于该设备的顶盖变形，与箱壁之间产生缝隙，最终引起变压器油渗漏。

图 2–21　变压器箱壁上吊钩

根据配电变压器的设计，箱壁上的吊钩可以承受整台设备的重量，是用于设备吊装使用。但是吊钩往往在箱壁四周，与变压器波纹管散热片距离较近，吊装时较为不方便，一部分运输及安装人员会使用更为方便的箱盖上的吊环作为吊装位置，就容易造成本案例中的情况。本台设备的吊钩如图 2–21 所示。

2.7.2.3　预防措施与建议

配电变压器的密封性能直接影响到变压器抽检试验和变压器现场运行。要想配电变压器的密封性能完全达到要求，首先需要在设计环节进行控制，可以采用加厚密封线圈方式增强密封性能；同时要选择质量较好的密封材料；设备组装过程中严格按照规程实施；最后配电变压器的吊装必须严格遵照操作规程，钢丝绳必须挂在箱壁的吊钩上，不得使用箱顶的吊环吊装整台变压器。

2.7.3　配电变压器绝缘强度不足导致外施耐压试验结果不合格

2.7.3.1　情况说明

（1）设备信息。该设备为 S13－M.RL－400/10 型全绝缘配电变压器，如图 2－22 所示。

图 2－22　S13－M.RL－400/10 型配电变压器

S13－M.RL－400/10 型立体卷铁心变压器是一种节能型电力变压器，由三个几何尺寸相同的卷绕式铁心单框拼合而成，每个单框铁心的心柱、铁轭截面相等，接近半圆形，拼合后的铁心的三只心柱呈等边三角形立体排列。立体卷铁心变压器创造性地改革了传统电力变压器的叠片式磁路结构和三相布局，使产品性能升级，结构更优化，如三相磁路完全对称、大大降低噪声、结构紧凑体积更小、散热及过载能力更强、节电效果显著等。

（2）S13－M.RL 型配电变压器简介。

1）分类。立体卷铁心配电变压器划分为 2 类：

a）干式立体卷铁心配电变压器，包括：

a. 非包封式（纸绝缘）干式变压器，例：SGB11－RL－1000/10。

b. 包封式（树脂绝缘）干式变压器，例：SCB11－RL－1000/10。

b）油浸式立体卷铁心配电变压器，例：S13－M.RL－100/10。型号含义如图 2－23 所示。

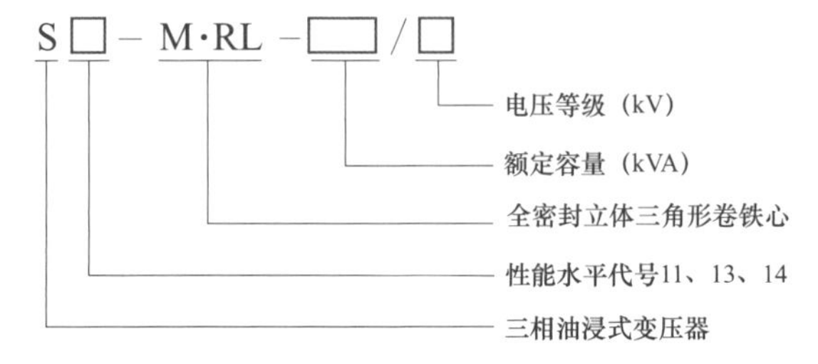

图 2－23　油浸式立体卷铁心配电变压器型号含义

2）应用渠道：立体卷铁心配电变压器可广泛用于项目建筑、工矿企业、钻井平台等，特别适用于易燃、易爆等防火要求高或者环境恶劣的场所使用，也可用居民区、商业街道、工矿企业和农村动力及农网改造之用。

3）产品特点：

a）损耗低。依据《三相油浸电力变压器技术参数和要求》（GB/T 6451）容量 30～1600kVA，S13-M.RL 系列空载损耗平均下降 50%，负载损耗平均下降 30%；S11-M.RL 系列空载损耗平均下降 30%，负载损耗平均下降 25%。

b）空载电流低。由于卷铁心材质优良以及绕制加工特点，使空载电流显著降低。依据 GB/T 6451，S13-M.RL 系列空载电流平均下降 75%；S11-M.RL 系列空载电流平均下降 75%。

c）运行噪声低。依据《噪声标准》（JB/T 10088），S13-M.RL 及 S11-M.RL 系列噪声均降低约 7～9dB。

d）抗短路能力强。配电变压器器身整体成立体三棱柱形状，四周及中央均设置拉螺杆，与上下铁轭绝缘及层压木块构成一体，能有效抵御突发短路时的轴向、辐向机械应力。

4）结构特点：

a）铁心。采用材质性能不低于 30ZH110 冷轧硅钢片；三相三柱立体对称结构有最平衡的三相磁路；每组（卷）心片由薄钢带在专用铁心卷绕机上绕制，压力均匀紧实；铁心框片经真空退火处理，消除应力，提高电磁性能；铁心表面涂环氧树脂漆，防潮，固化。

b）绕组。采用低氧铜材质的纸包铜扁线或 QQ-2 缩醛漆包圆铜线，低压绕组为双层或四层圆铜式或新螺旋式或箔式；高压绕组为多层圆筒式；绕组油道为瓦楞结构，层间绝缘为双面点胶纸；低压及高压表面均加绕环氧树脂半黏性玻璃纤维带，增加机械强度。绕组如图 2-24 所示。

图 2-24　配电变压器绕组

c）器身、引线。采用绝缘纸板制作上、下铁轭绝缘；采用层压木制作平衡垫块绝缘；采用层压纸板作引线支架；所有紧固件均为有效锁紧的防松螺母。

d）油箱。采用三角形结构的全密封波纹油箱，三相均设置波纹片以保证散热及补偿随油温变化而致油体积变化的膨缩体积；箱盖面上装有带压力释放阀的油位计便于加油及观察油面高度，以及对变压器内部突发故障过压时释放压力安全保护。

产品标准依据 GB/T 6451—2015，标准中明确列出了 S13-M.RL 型变压器技术参数，具体参数见表 2-3。

表 2-3　　　　S13-M.RL 配电变压器绕组技术参数

额定容量（kVA）	连接组标号	电压组合（kV）			损耗		空载电流（%）	短路抗阻（%）	质量（kg）
		高压	分接范围	低压	空载（W）	负载（W）			
30	Dyn11 Yzn11 Yyn0	6 6.3 10 10.5 11	±5%	0.4	80	600	0.30	4.0	280
50					100	870	0.24		390
63					110	1040	0.23		440
80					130	1250	0.22		495
100					150	1500	0.21		600
125					170	1800	0.20		590
160					200	2200	0.19		780
200					240	2600	0.18		908
250					290	3050	0.17		1043
315					340	3650	0.16		1190
400					410	4300	0.16		1430
500					480	5150	0.16		1648
630	Yyn0 或 Dyn11				570	6200	0.15	4.5	2027
800					700	7500	0.15		2316
1000					830	10 300	0.14		2600
1250					970	12 000	0.13		2890
1600					1170	14 500	0.12		3380
2000					1360	14 530	0.12		3600
2500					1500	17 270	0.11		3890

（3）异常现象简述。试验人员对该配电变压器高压绕组做外施耐压试验时，当电压升高到 33kV 时电压骤降，反复测试仍然无法升压到标准试验电压，但试验过程中无放电现象发生。

2.7.3.2　问题排查及分析

（1）试验设备排查。检查试验接线，确认准确无误。被测设备可靠接地，接线牢靠，同时被测试验回路的电压、电流正确无异常。试验接线如图2-25所示。

图2-25　配电变压器试验过程中接线图

试验过程中试验仪器升压平稳，升压速度均匀，排除试验仪器干扰。

试验设备带载能力不足会导致相同试验现象。试验人员为了确认是否由于试验设备带载能力不足导致问题发生，通过使用调压器对该配电变压器开展工频外施耐压试验。调压器使用接线如图2-26所示。

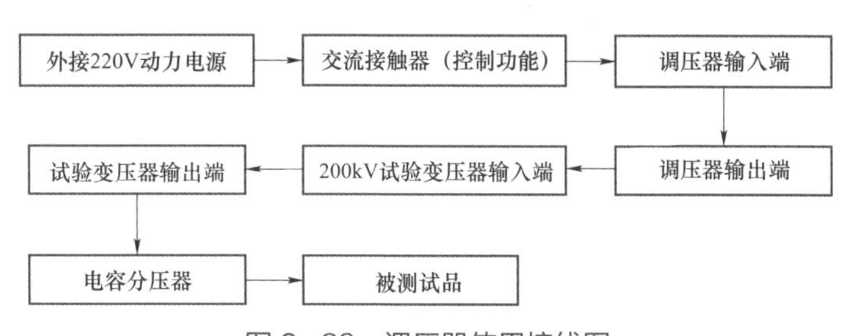

图2-26　调压器使用接线图

试验人员通过使用调压器施加试验电压，试验电压仍然无法升压到35kV，并且随着不断开展试验，配电变压器绝缘强度逐渐降低，最终对该变压器测量出的绝缘电阻值为0，如图2-27所示。因此，排除试验设备带载能力不足导致电压突降。

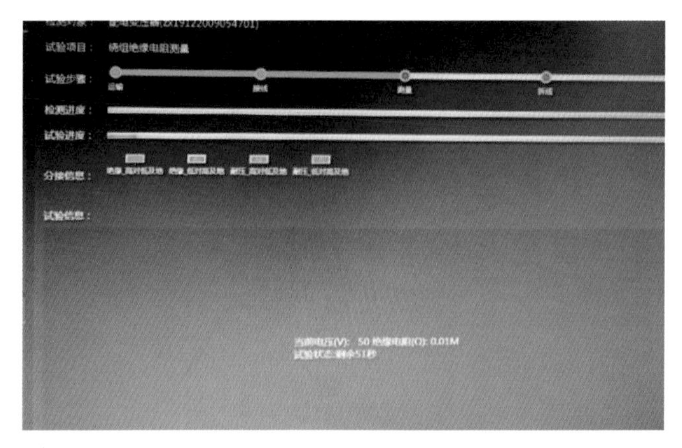

图 2-27　变压器高压绕组对低压及地绝缘电阻值为 0

为进一步验证试验设备无异常，试验人员调换同等型号容量的变压器，再次进行试验，无任何异常现象，试验顺利通过，可以确认试验设备正常。

（2）外观检查。试验人员检查该配电变压器油位计，变压器油箱内绝缘油处于静止状态，排除因为绝缘油有气泡等因素影响试验结果。

图 2-28　变压器压力释放阀处于打开状态

试验人员将变压器的套管、入孔等所有能放气的部位都完全打开充分排气，排除因为油箱内残存空气影响试验结果的可能，如图 2-28 所示。

（3）分析与验证。除了该配电变压器本身绝缘可能存在问题外，也有可能是由于变压器负载不均匀导致无法升压。因此，试验人员为了排除是由于配电变压器负载不均匀导致该现象，对此配电变压器开展介质损耗和电容量测量试验。

此配电变压器测量介质损耗和电容量测量试验结果显示：该配电变压器电容量大约为 2800pF，与同等容量的配电变压器电容量比较并无太大差异。因此，排除由于配电变压器负载不均匀导致的电压突降。

通过以上排查分析可以判定，该配电变压器的工频耐压试验不合格原因是自身绝缘强度不足。

2.7.3.3　预防措施

设备厂商在生产过程中要多关注线材的规格，选用合格的配件原料。配电变压器装配过程中要保持环境清洁，避免混悬杂质或者线包混有异物。要监督安装流程，提高设备安装工艺水平，避免线包损坏等。

2.7.4　配电变压器导管螺栓脱落导致感应耐压试验不合格

2.7.4.1　情况说明

（1）设备信息。本案例检测的 S14-M-400/10 型变压器为一台内部存在缺陷，因制作工艺不良导致感应耐压试验不合格的配电变压器，如图 2-29 所示。

图 2-29　S14-M-400/10 型不合格配电变压器

2011 年 8 月《国家电网公司第一批重点推广新技术目录》中要求：2012 年起，新增配电变压器全部采用节能型配电变压器。推广目录中对节能型配电变压器的定义为“S13 及以上型号的系列配电变压器、非晶合金铁心变压器和调容变压器”。配电变压器是电力系统的末级设备，其损耗约占全网总损耗的 20%。因此，降低配电变压器的损耗对节能环保具有非常重要的意义。

（2）S14 型配电变压器简介。S14 型油浸式变压器在任一分接下，能持续承受 3s 的外部短路耐热能力的电流，并且其绕组温度不超过 250℃。

变压器承受短路的动稳定能力：变压器在任一分接下，都能承受住《电力变压器　第5部分：承受短路的能力》（GB 1094.5）所规定的短路试验电流值而不被损坏或位移。

S14型油浸式变压器设备主要结构为：

1）铁心：为改善铁心性能，选用高导磁低损耗冷轧硅钢带，整个铁心组件均衡严紧，不会由于运输和运行中的振动而松动。

2）绕组：绕组能承受短路、过载和过电压而不发生局部过热，绕组和引线绑扎得足够牢固，组成一个钢体，以防止由于运输、振动和运行中短路时，产生相对位移。消除绕组中的电场集中，局部放电保持在合格限度。

3）油箱：变压器油箱结构型式为全密封波纹式油箱。

4）套管：变压器高、低压选用纯瓷套管，套管的安装位置和相互位置距离便于接线，而且其带电部分的空气间隙能满足《电力变压器　第3部分：绝缘水平、绝缘试验和外绝缘空气间隙》（GB/T 1094.3—2017）的要求。

（3）异常现象简述。试验人员对该S14－M－400/10型配电变压器进行感应耐压试验，在加压过程中，出现三相电流不平衡现象。同时，试验电压下降，无法正常升压，工控仪器报告试验出错。反复多次试验，均出现相同现象。

2.7.4.2　问题排查及分析

（1）仪器设备排查。在进行感应耐压试验前，为排除表面有灰尘，变压器内部有空气，油中有气泡等因素影响绝缘试验结果，试验人员将变压器压力释放阀打开，将内部空气放出，确认变压器内部油中无气泡，并把套管表面擦拭干净，以排除此种影响因素。

感应耐压试验需要在所有非破坏性绝缘试验项目（绝缘电阻、油耐压等）完成并试验合格后，方能进行。

感应耐压试验仪器为变频试验电源，装置可靠性高，满足试验要求。

试验接线正常，符合标准要求，变压器外壳等要求接地部位均可靠接地。

异常情况发生后试验人员将被测试品拆除，更换另一台待检试品，进行感应耐压试验，试验过程中无电压突降等异常情况，证明试验设备正常。

（2）解体分析。排除外部干扰后，根据耐压试验现象，试验人员怀疑配电变压器内部存在匝间短路或者某一相绕组接地情况。

为了找到此变压器感应耐压试验不合格原因，将此配电变压器解体进行检查。变压器解体后发现该配电变压器低压侧 C 相套管下端螺栓脱落，导致 C 相与零相搭接，造成 C 相与零相短路，螺栓脱落位置如图 2–30、图 2–31 所示。

图 2–30　螺栓脱落位置（一）

图 2–31　螺栓脱落位置（二）

该配电变压器解体后，试验人员立即发现问题所在，通过图 2–30、图 2–31 明显看出该变压器的故障点是 C 相套管下端螺栓位置。

经过分析，试验人员初步怀疑是 C 相套管下端螺栓因为运输等因素导致振动脱落。但是工作人员旋动螺栓发现，螺栓非常紧固，无法转动，并且螺栓与下端零相母排搭接较为紧密，排除因为运输过程中设备振动导致螺栓脱落的怀疑。

根据上述现象，试验人员怀疑该变压器装配人员在装配过程中将 C 相套管装配错位。由于设备厂商在变压器完成装配后并未进行常规试验检测，造成此变压器感应耐压试验不合格。

为了验证是由于该螺栓脱落导致本样品感应耐压试验不合格，将该处螺栓复位如图 2–32 所示。重新对该配电变压器进行感应耐压试验，感应耐压试验合格。

图 2–32　螺栓复位后重新开展试验

通过以上对配电变压器的解体验证，可以确认该配电变压器的缺陷是低压侧 C 相与零相短路造成。由于 C–0 相短路，C–0 相电阻值为 0，从而低压侧 A–0、B–0、C–0 三相阻值偏差，造成感应耐压试验仪器升压中出现过电流现象，无法正常升压，变压器无法正常运行。

2.7.4.3　预防措施及试验建议

该配电变压器故障问题发生在低压侧紧固螺栓处，为了避免以上情况的再次发生，建议生产厂商更改设计图纸，可以利用垫片、止动垫片、自锁螺母等方式防止螺栓脱落，避免故障再次发生，造成更大的安全隐患。

试验人员在常规抽检试验的工作中发现，感应耐压试验通过的变压器在进行空载试验时出现绝缘故障，造成故障的原因可能为感应耐压试验将设备的绝缘缺陷击穿，但并未及时暴露，所以未能在感应耐压试验过程中体现。所以建议常规试验顺序为先对设备进行绝缘类试验项目的检测，再进行空、负载损耗，温升等试验项目的检测。

2.7.5　配电变压器绕组的树脂浇注工艺不足导致局部放电测量试验不合格

2.7.5.1　情况说明

（1）设备信息。该设备为SCB10型号环氧树脂浇注的干式变压器，如图2-33所示。

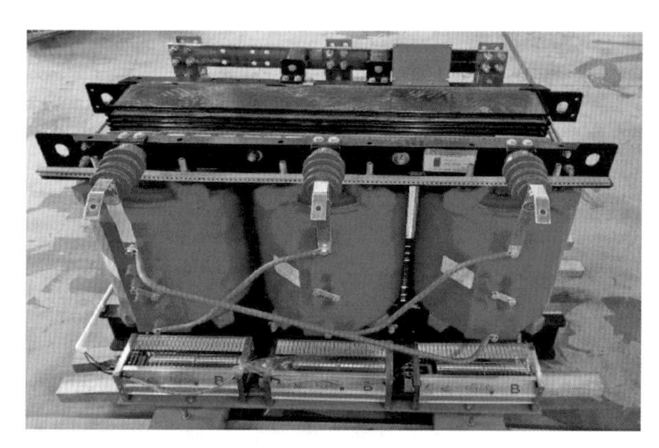

图2-33　干式变压器

干式配电变压器具有机械强度高、电气强度高、耐热强度高和损耗低、噪声低、局放低等优点。其适用于商业中心、机场、高层建筑、化工厂、核电站等要求防火、防潮、防爆灯的重要安全场所。

《国家电网有限公司物资采购标准（2018版）》对于干式变压器的局部放电测试水平定义更加严格，由国标规定的不大于10pC变更为：普通不大于8pC，优质不大于5pC。由此可见，通过局部放电测量对于设备厂商的制造工艺水平考核更加严格。

（2）干式配电变压器简介。干式配电变压器的工作原理同油浸式配电变压器相同，都是通过电磁感应原理，改变交流电压，只是干式配电变压器不通过变压器油散热、绝缘，外观上看没有波纹管散热装置，外形设计如图2-34所示。

干式配电变压器主要结构有一次绕组、二次绕组、铁心、风机、绝缘材料等，如图2-35所示。

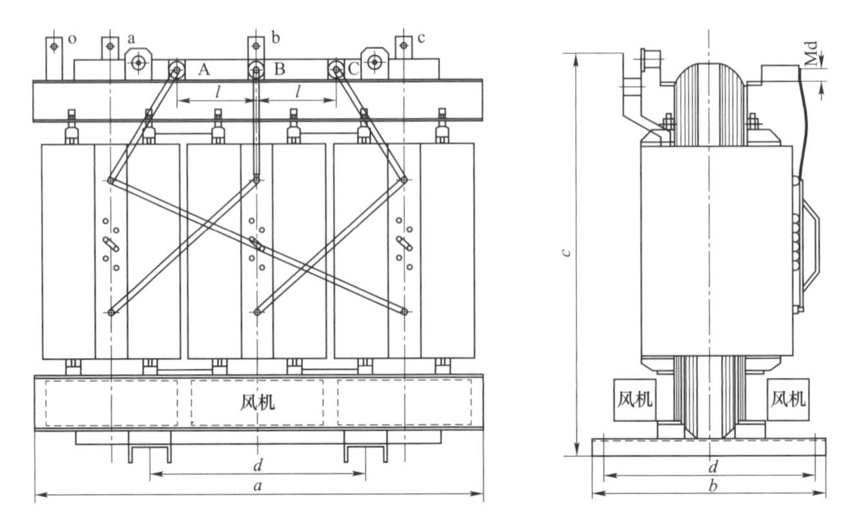

图 2-34　干式配电变压器外观设计图

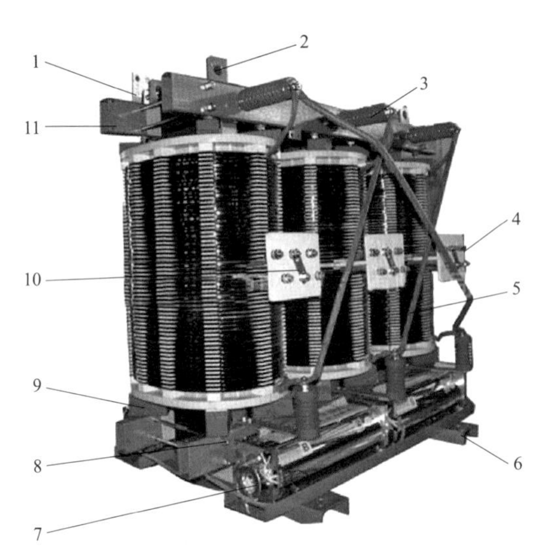

图 2-35　干式配电变压器结构图

1—低压出线铜牌；2—吊环；3—高压端子；4—高压分接头；5—高压连接杆；6—底座；7—风机；8—接地螺丝；9—垫块；10—高压连接片；11—夹件

（3）环氧树脂材料。环氧树脂干式变压器是以环氧树脂为主要绝缘材料的设备，其高压绕组和低压绕组在真空模具中浇注成型，并冷却固化，形成玻璃钢体结构成品。这种工艺方式使得变压器具有良好的绝缘强度，阻燃性能强，耐受过电压能力强，抗短路冲击能力强，局部放电值更低，并且体积更小，重量更轻，见图 2-36。

图 2-36　环氧浇注成品

（4）异常现象简述。该干式配电变压器开展局部放电测量试验时，当试验电压保持在额定测量电压时，试验人员通过局部放电波形图发现，该干式配电变压器的 A、B、C 相局部放电量均超过标准值。A、B、C 相局部放电波形图如图 2-37 所示。

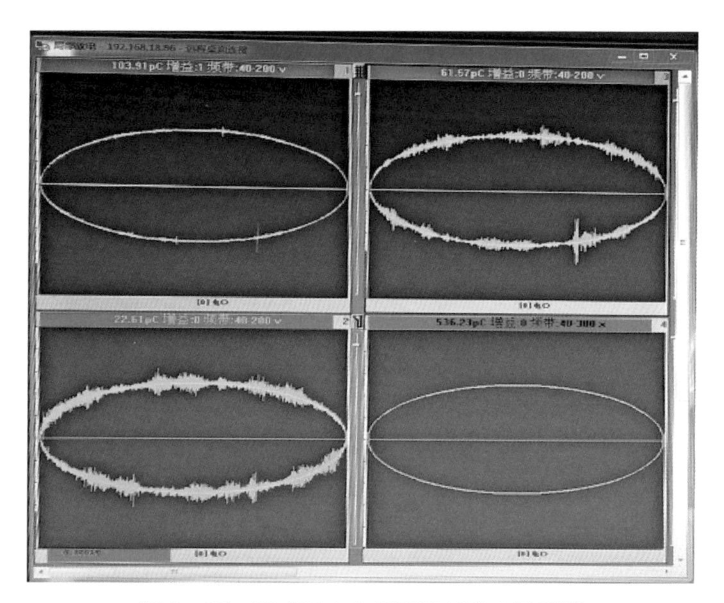

图 2-37　干式配电变压器局部放电波形图

2.7.5.2　排查及分析

（1）检测仪器排查。由于影响局部放电试验的因素较多，所以判定试验不合格之前首先需要排除外部干扰。

经过长期的试验积累与总结，对于串联谐振局部放电测量试验系统（脉冲电流法），归纳出了一些排查局放背景噪声的办法：

1）外部干扰包括地网的噪声和动力电源线以及变压器继电保护信号线路中耦合进入的各种噪声等：

a）排除来自接地系统的干扰，通常是指接地系统接触不良或试验时多重接地，因为不同接地点之间有电位差，会在测量仪器上造成干扰偏转；

b）排除其他高压试验或电磁辐射检测到的干扰，干扰是由回路外部的电磁场对回路的电磁耦合引起的，包括电台的射频干扰、邻近的高压设备，日光灯、电焊、电弧或火花放电的干扰；

试验人员逐一排查外部可能造成的干扰后，再次测量局部放电背景噪声，背景噪声在 3pC 以下。

2）接下来试验人员对仪器设备进行排查：

a）检查试验系统的高压引线的接头部位，确认有无松动情况。高压引线的外部都配有金属软管，如图 2–38 所示，两端都是通过快速接头连接，起到将引线的表面电场均匀化的作用。由于试验较为频繁，该处容易松动，时间过长容易造成接触不良，影响试验结果的判定。

图 2–38　高压引线

试验人员将高压引线紧固后，对该部分重新进行局部放电试验，局部放电背景噪声在 3pC 以下。

b）检测系统的局部放电测试仪与检测通道信号传输的引线封装头会因为长期使用或误动出现接触不良，造成局部放电增大。如图 2–39 所示，试验人员重新检查引线封装头，再次进行局部放电测量试验，局部放电背景噪声在 3pC 以下。

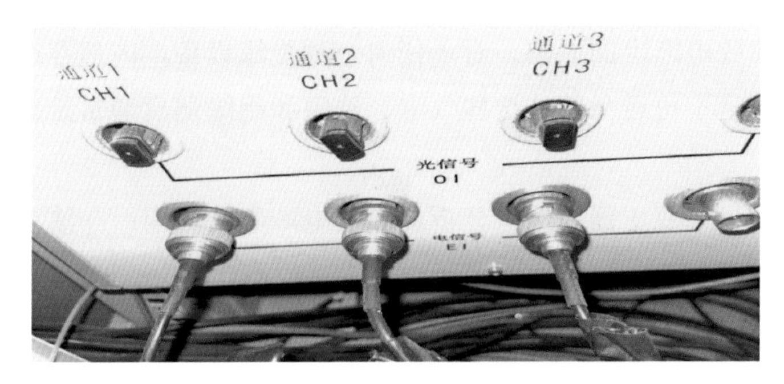

图 2–39　引线封装处

c）屏蔽室内部临时开启的变频设备和外界电台发射信号都会产生瞬间干扰。例如图 2–40 所示的自动充电机，当充电机开启时，局部放电背景噪声会很大，严重影响试验结果。

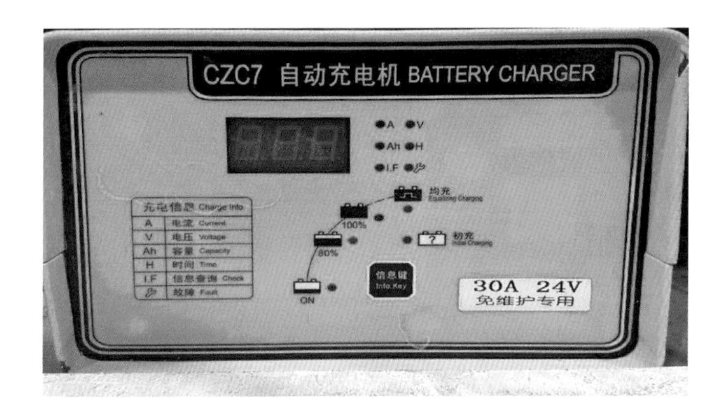

图 2–40　自动充电机

试验人员将屏蔽室中各个变频设备关闭，再次开展试验，背景噪声为 3pC 以下，可以排除此因素。

（2）被测设备排查。排除以上外部干扰因素后，试验人员还需要对被测设备的表面情况进行排查，防止由于设备表面潮湿、脏污等因素造成表面放电等情况影响试验结果判断。

试验人员为防止粉尘因素影响试验结果，将该干式配电变压器表面清理干净，同时确认变压器处于干燥状态。清理后再次开展试验，试验结果相同，可以排除此因素。

试验人员对该干式配电变压器的绝缘部件、螺栓等进行检查，均紧固无松动，金属件倒角均平滑无尖端，再次开展试验，试验结果相同，可以排除此因素。

（3）局部放电产生的原因。对于任何一种绝缘设备，内部存在气泡、油隙和绝缘弱点都是不可避免的。这些气泡、油隙和绝缘弱点通常是在设备制造过程中形成的。

下面以油浸式变压器为例，分析局部放电产生的原因：在油浸式变压器制造过程中，由于油漆、干燥和真空处理不彻底，在产品所用的电木筒内、绝缘纸板内、绝缘纸层间不可避免地会形成一些空腔，空腔内就会存在一些气泡。由于气体的介电系数比油、纸等绝缘材料的介电系数小，所以气隙上承受的电场强度比油纸绝缘上的电场强度高（$E=KQ/\varepsilon R$，其中 K 是一常数；ε 是介质的介电系数；R 是电荷到该点的距离），当外施电压达到某一定值时，这些气隙就会首先发生局部放电。另外，油纸绝缘内的油膜，油隔板绝缘结构中的油隙，特别是“锲型”油隙，金属部件、导线等处的尖角、毛刺，电场集中、场强过高的局部区域等也都是容易产生局部放电。

1）产生气隙的原因和一般部位。

a）由于变压器油净化不纯，处理不好，或静电时间不够，造成油中含有少量的气泡（气隙）。

b）由于绝缘件的制造过程和制造工艺不完善，造成层压木板、层压纸板中，角环、静电板弯曲处、线匝之间以及绝缘搭接缝隙等处存在一些气隙。

c）由于油浸式变压器在真空处理和真空注油时真空度和真空时间不够，造成油中、油纸绝缘中等处残存一些气隙。

d）由于树脂绝缘干式变压器在真空浇注时，真空度和真空时间不够，造成树脂绝缘中残存一些气泡。

e）由于树脂绝缘（绕包绝缘）干式变压器树脂与玻璃纤维等固化后形成的复合绝缘的热膨胀系数与铜导线、铝导线的热膨胀系数存在差异，造成应力龟裂处（树脂层间）等存在一些气隙。

2）结构方面的原因。由于变压器绝缘结构不合理，造成绝缘内部电场分布不均匀。若某些部位的电场强度低于绝缘介质的起始放电电源水平，则这些部位就容易产生局部放电。

3）材料方面的原因。铜、铝导线，铝箔等表面不光滑、有毛刺，该毛刺不仅会造成局部放电，而且还会损坏匝间绝缘，造成匝间绝缘短路。

（4）分析。通过以上排查验证，试验人员判定局部放电测量试验不合格是由于该干式变压器本体缺陷导致。通过对比放电量与试验电压的关系可以发现当出现放电现象后，局部放电量维持在某一水平，不会随着试验电压增加而增加，同时通过分析放电波形图可以判定是变压器本体工艺水平不足导致试验不合格。通过观察图 2-41 和图 2-42 中该干式配电变压器的装配方式，可以确认该变压器的装配工艺不达标，浇注工艺水平不足（存在问题）。

图 2-41　局部放电测量不合格干式变压器内部细节（一）

图 2-42　局部放电测量不合格干式变压器内部细节（二）

试验人员将另一台外观良好、制造工艺优良的干式变压器进行局部放电测量试验，相同容量、相同电压等级、相同试验电压的情况下，测得的局部放电水平完全满足标准要求，测量波形图如图 2-43 所示。

通过以上试验可以验证对该异常的分析。

2.7.5.3　预防措施与建议

在干式配电变压器装配过程中，变压器不应受灰尘、铁削、脏污、受潮等影响，绝缘零部件应紧固，保证装配扭矩达标。

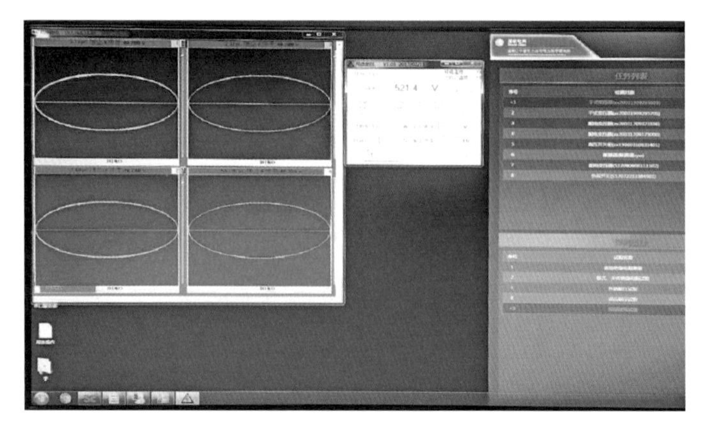

图 2-43 干式配电变压器局部放电测量波形图试验结果

设备的浇注过程应在真空环境下进行，烘干时间需满足要求，不应出现受潮、气隙等现象。

绝缘设计应合理，绝缘距离应满足要求，选用优质绝缘材料。

干式配电变压器所有金属部件需进行倒角处理，避免金属尖端放电。

2.7.6 配电变压器内部绝缘强度不足导致雷电冲击试验不合格

2.7.6.1 情况说明

（1）设备信息。该设备是 S13-M.RL-400/10 型号的配电变压器，是由三个几何尺寸相同的卷绕式铁心单框拼合成的三角形立体布置的铁心，并以立体卷铁心为磁路的配电变压器。该设备如图 2-44 所示。

图 2-44 内部绝缘强度不足导致雷电冲击试验不合格的变压器

（2）异常现象简述。在对被试变压器进行雷电冲击试验的过程中发现，对变压器的A相施加一次50%冲击电压和三次100%冲击电压试验均顺利通过；对变压器的B相进行相同的冲击试验也顺利通过；当对变压器的C相施加一次50%冲击电压顺利通过后，在进行100%冲击电压试验时，试验人员听到清脆的异响，电压异常降低且电流波形出现震荡，试验未能通过，试验结果如图2-45所示。

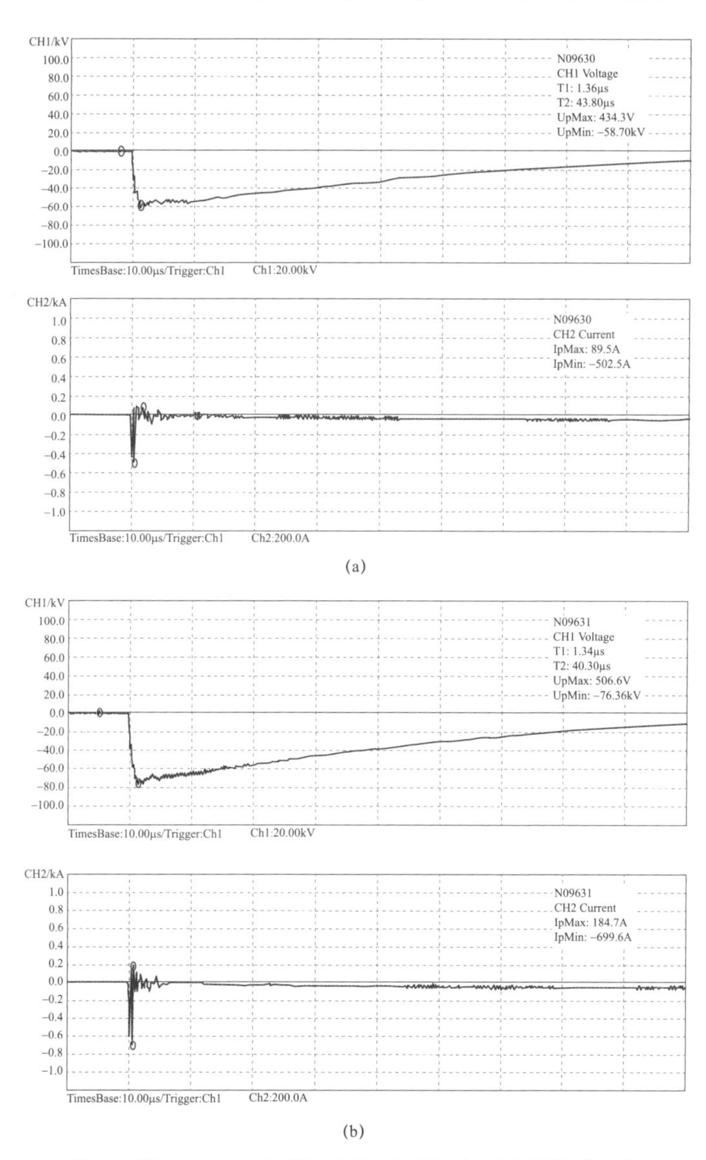

图2-45　A、B、C相100%电压和电流波形图（一）

（a）A相50%电压和电流波形图；（b）A相100%电压和电流波形图

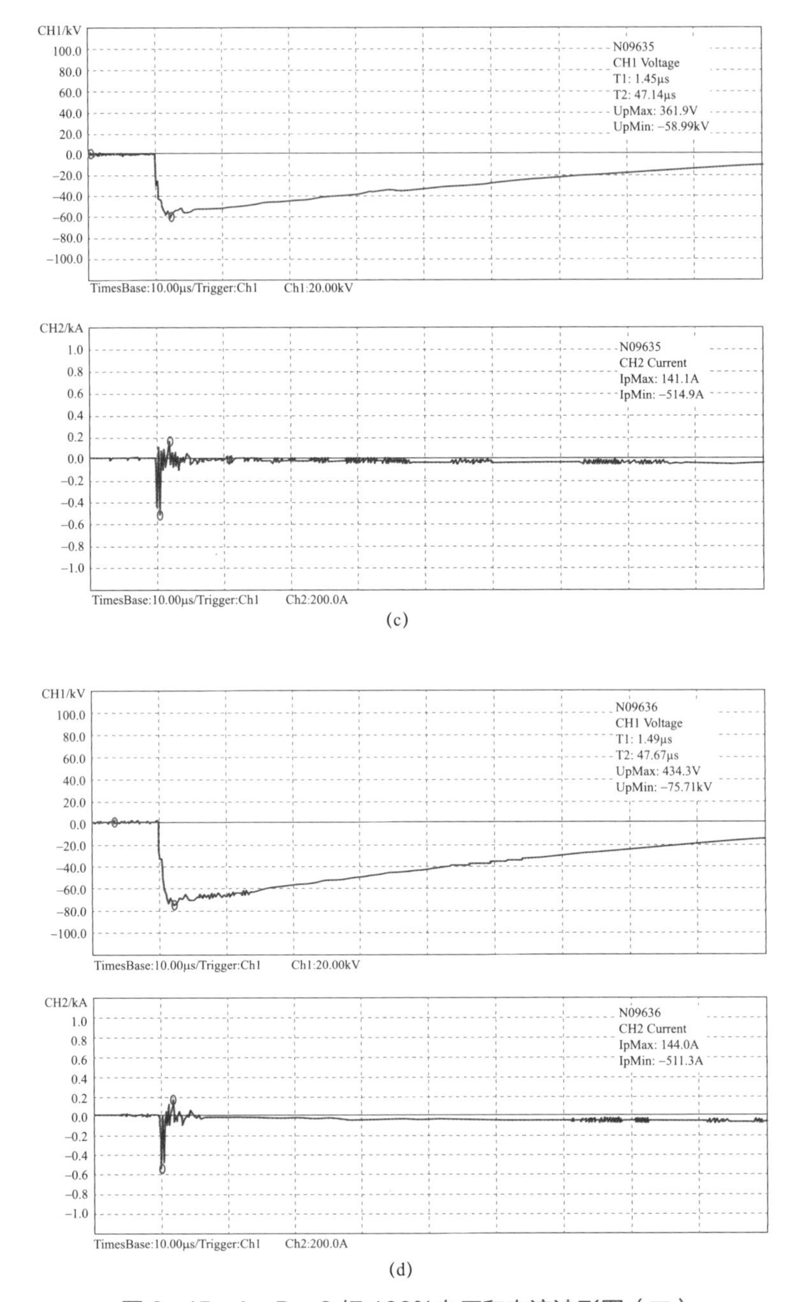

图 2-45　A、B、C 相 100%电压和电流波形图（二）

（c）B 相 50%电压和电流波形图；（d）B 相 100%电压和电流波形图

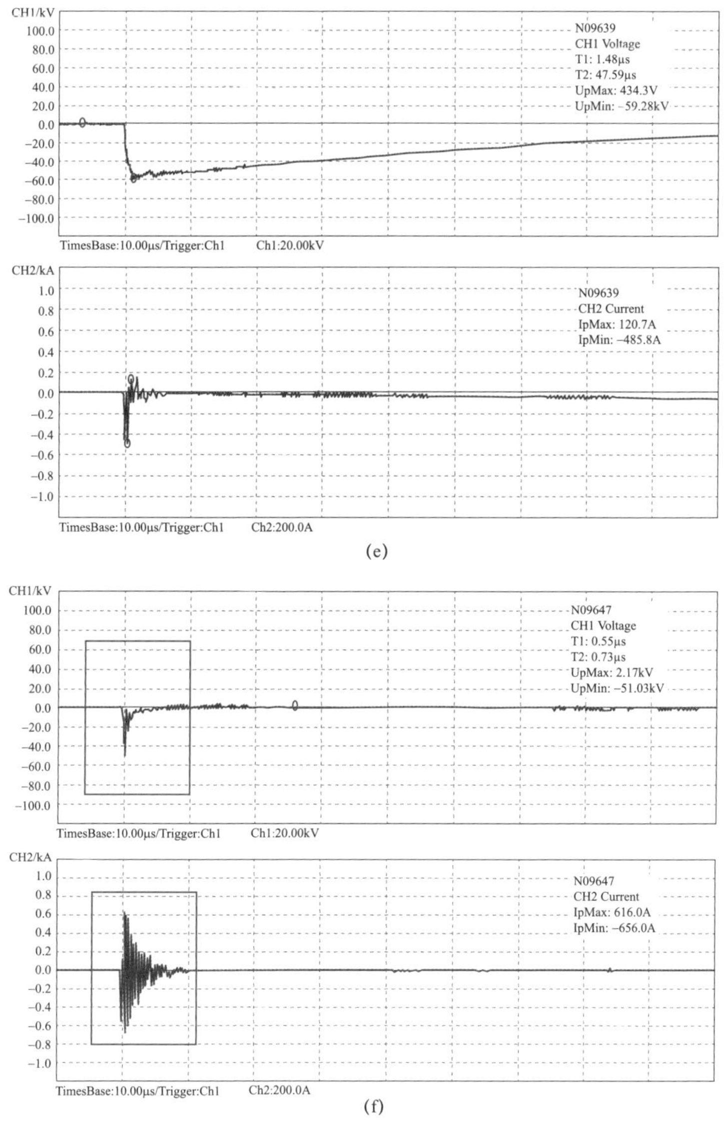

(e)

(f)

图2-45 A、B、C相100%电压和电流波形图（三）

（e）C相50%电压和电流波形图；（f）C相100%电压和电流波形图

2.7.6.2 问题排查及分析

（1）设备排查。

试验人员检查该配电变压器外观，外观无异常。

试验人员将试验线拆除，远离该设备，对试验设备进行空升压试验，即不连接试品的情况下进行雷电冲击试验。试验接线如图2-46所示。

图 2-46 未连接试品进行空升压试验图

试验人员开展负极性 75kV 雷电冲击试验，试验结果正常。试验波形图如图 2-47 所示。

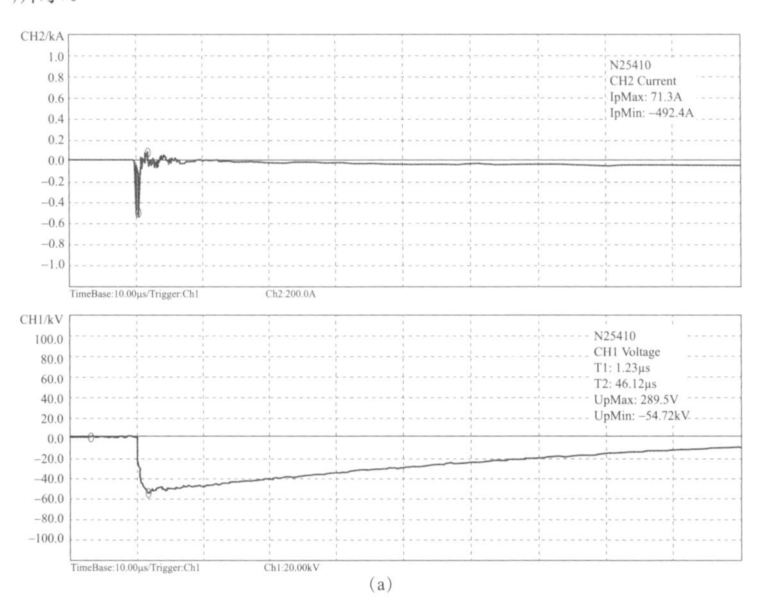

图 2-47 空升压试验电压和电流波形图（一）

（a）空升压试验 50%电压和电流波形图

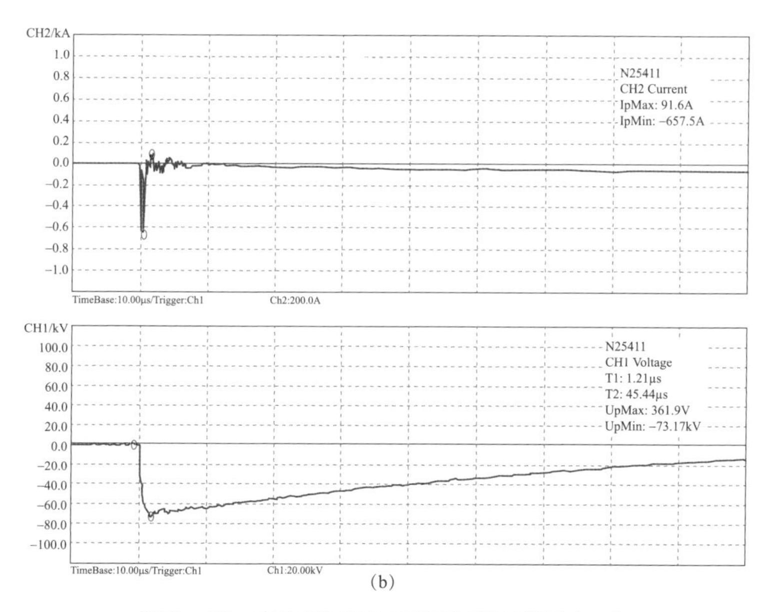

图2-47　空升压试验电压和电流波形图（二）

（b）空升压试验100%电压和电流波形图

试验人员采用设备比对方式，更换同型号的配电变压器再次开展雷电冲击试验，试验过程无异常。

试验人员再次将该不合格配电变压器运至工位，开展雷电冲击试验，试验结果与第一次相同。

由此证明该试验的异常是由于配电变压器内部原因导致。

（2）冲击试验故障分析。常用的冲击试验的故障分析判断方法有三种：

1）中性点电流法。流过绕组电容的充电电流、震荡电流、损耗电流和励磁电流的合成电流称为中性点电流，当冲击电压约等于零时，中性点电流大部分为励磁电流。当对变压器进行冲击试验时，假设发生了内部击穿（匝间、段间和层间），由于短路线匝的去磁作用，绕组电抗发生变化，中性点电流也会随着变化。中性点电流法是冲击试验判断故障的基本方法。

2）波形法。比较降电压和额定电压下的波形变化，主要是看振荡频率，波形变化幅值和趋势。

3）电容传递电流法。即传递到邻近短路的非被试绕组上的电流，如果被试绕组出现故障，该电流就会发生变化，根据该变化分析判断变压器的故障。

出现该现象后，试验人员首先对该变压器进行全方位的外观检查，检查发现变压器油箱及散热片无变形，套管牢固且无裂纹，分接开关紧固无松动且当改变分接时能正常拧动到位，变压器整体无渗油漏油现象，初步判断为变压器内部发生故障。

造成变压器内部绝缘击穿的原因可能有：各组绕组排列不整齐，间隙不均匀；绕组间、绕组与铁心及铁心与轭铁间的绝缘垫不完整或松动；绝缘板绑扎不牢固；绕组绑扎不牢固，有移动变形现象；绝缘层不完整，表面有变色、脆裂甚至击穿等缺陷。

（3）冲击电压波形分析。

1）被试端子附近出现直接对地故障：表现为电压波骤降，如果完全闪络，通常波形为阶梯状下降，此时电压骤降较慢；

2）沿着绕组的某一部分闪络：表现为绕组阻抗降低，半峰值时间减小，闪络瞬间，电压波出现震荡现象；

3）小范围故障：通常在电压波上看不出变化，但偶尔会产生高频振荡，但是电流波会发生变化。

通过以上分析判断 C 相绕组存在问题，有可能是冲击试验过程中，冲击电流通过内部某一短路路径时对相邻部位产生了热损伤，从而导致内部绝缘击穿，使试验结果未通过。

2.7.6.3 预防措施与建议

配电变压器内部的绝缘结构设计是保证变压器性能和现场安全可靠运行的基础保障。配电变压器内部空间有限，绝缘距离的控制更是至关重要。有绝缘设计缺陷的配电变压器在进行冲击试验甚至运行过程中，极有可能发生内部绝缘击穿现象。

因此，建议设备厂商在进行配电变压器制造时，首先要选用相对优质的制造材料来确保变压器的质量，同时必须严格把守设计关，变压器的设计要通过权威机构、专家的认证，且在制造的过程中严格按照工艺流程，对每一道工序进行现场核对，才能进一步提升变压器的质量，确保试验合格率，从而保障电网的稳定安全运行。

2.7.7 绝缘油含有微水导致配电变压器油耐压试验不合格

2.7.7.1 情况说明

（1）设备信息。该设备为 S13－M.RL－400/10 型号的油浸式配电变压器。配

电变压器如图 2-48 所示。

图 2-48　油耐压试验不合格的配电变压器

（2）绝缘油简介。

1）油浸式配电变压器的绝缘油有如下作用：

a）绝缘作用。在电气设备中，变压器油可将不同电位的带电部分隔离开来，使之不至于形成短路，因为空气的介电常数为 1.0，而变压器油的介电常数为 2.25，也就是说，油的绝缘强度要比空气大得多。假设变压器绕组暴露在空气中，则运行时很快就会被击穿，而绕组之间充满了变压器油，增加了绝缘强度，就不易被击穿。同时绝缘材料浸在油中，还可以防止外界空气和湿气侵入，保证绝缘可靠。

b）散热冷却作用。变压器油的比热大，常用作冷却剂。变压器运行时产生的热量使靠近铁心和绕组的油受热膨胀上升，通过油的上下对流，热量通过散热器散出，保证变压器正常运行。

c）灭弧作用。在变压器的有载调压开关上，触头切换时会产生电弧。由于变压器油导热性能好，且在电弧的高温作用下能分触大量气体，产生较大压力，从而提高了介质的灭弧性能，使电弧很快熄灭。

2）油浸式配电变压器的绝缘油有如下要求：

a）具有较高的介电强度，以适应不同的工作电压；

b）具有较低的黏度，以满足循环对流和传热需要；

c）具有较高的闪点温度，以满足防火要求；

d）具有足够的低温性能，以抵御设备可能遇到的低温环境，具有良好的抗氧化能力，以保证油品有较长的使用寿命。

（3）变压器油中微水的状态。变压器在运输、储存、使用过程中都可能由外界进入或油自身氧化产生水，产生的水分会以下列状态存在：

1）游离水。多为外界入侵的水分，如不搅动不易与水结合。不影响油的击穿电压，但也不允许，表明油中可能有溶解水，需立即处理。

2）极度细微的颗粒溶于水。通常由空气中进入油中，急剧降低油的击穿电压。

3）乳化水。油品精炼不良，或长期运行造成油质老化，或油被乳化物污染，都会降低油水之间的界面张力，如油水混合在一起，便形成乳化状态。

其危害：① 降低油品的击穿电压。100～200mg/L 击穿电压大幅度降至1.0kV，油中纤维杂质极易吸收水分，在电场作用下，在电极间形成导电的“小桥”，因而容易击穿。② 使介质损耗因数升高。悬浮的乳化水影响最大，不均匀。③ 促使绝缘纤维老化，绝缘纤维的分子是葡萄糖（$C_6H_{12}O_6$）分子，水分进入纤维分子后降低其引力，促使其水解成低分子的物质，降低纤维机械强度和聚合度。实验证明，120℃时，绝缘纤维中的水分每增加 1 倍，纤维的机械强度下降 1/2，当温度升高，油中的水增加，纤维的水降低，温度降低，则相反。因此，应监视油中的微水，进而监视绝缘纤维的老化。④ 水分助长了有机酸的腐蚀能力，加速了对金属部件的腐蚀。综上所述，油中含水量愈多，油质本身的老化、设备绝缘老化及金属部件的腐蚀速度愈快，监测油中水分的含量，尤其是溶解水的含量十分必要。

（4）异常现象简述。该配电变压器为 35kV 及以下电压等级的配电变压器，因此击穿电压应不小于 35kV。

试验人员对该配电变压器绝缘油施加电压时，当试验电压达到 32kV 时，绝缘油被击穿，试验结果为不合格。

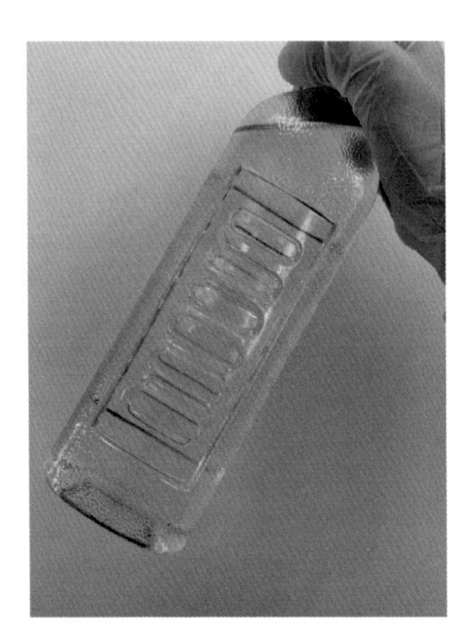

图 2–49　变压器油颜色为无色

2.7.7.2　排查及分析

（1）从外观判断绝缘油的质量。

1）油的颜色：变压器油一般呈淡黄色或无色。颜色越浅，说明其精制程度越好；油的颜色越深，则油中含有的非烷烃化合物越多；如图 2–49 所示，绝缘油几乎无色，所以从颜色判断，此变压器绝缘油没有问题。

2）透明度：新油在瓶中是透明的，如果失去透明度，说明油中有水分、机械杂质和游离碳；如图 2–50 所示，绝缘油呈透明状，所以从透明度判断，此变压器绝缘油没有问题。

3）气味：变压器油应该没有气味，或者带一点煤油味，如果有别的气味，说明油质变坏，比如：

图 2-50 绝缘油呈透明状

烧焦味——油干燥时过热；

酸味——油严重老化；

乙炔味——油内产生过电弧。

试验人员取油后闻其气味，绝缘油无气味，所以从气味判断，此变压器绝缘油没有问题。

综上所述，此变压器绝缘油从外观上判断没有问题。

（2）排查电极间的距离。油杯内电极由磨光的铜、黄铜或不锈钢材料制成，电极轴心应水平，两极板的间隙距离应确保国标规定为 2.5mm。由于油杯内的两极板间距离可人为调节，且距离减小会造成击穿电压变小。试验人员为确保两极间距离没有因为被人为误调，造成试验不合格。用试验仪器随同配置的“2.5mm 标准块”测量，两极间距离是 2.5mm，故排除仪器误差影响试验结果的原因。如图 2-51 所示，用“2.5mm 标准块”测量两极间距离。

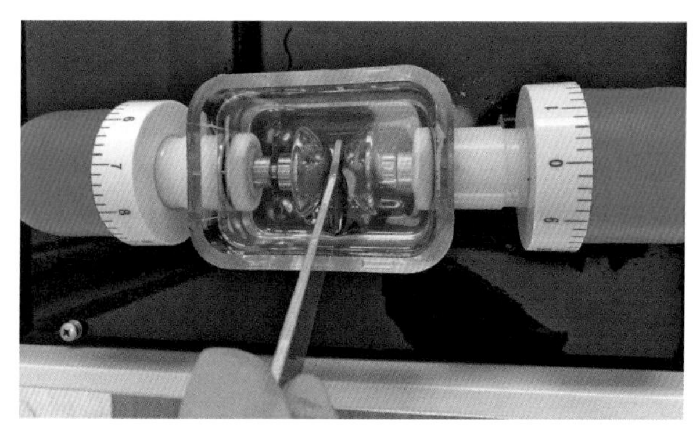

图 2-51 用“2.5mm 标准块”测量两极间距离

（3）试样及环境温度排查。根据《绝缘油击穿电压测定法》（GB/T 507）的要求，整个试验过程中，试样温度和环境温度之差不大于5℃，仲裁试验时试样温度应为20℃±5℃。如图2－52所示，试样温度为22.7℃；如图2－53所示，试验环境温度为22.5℃。

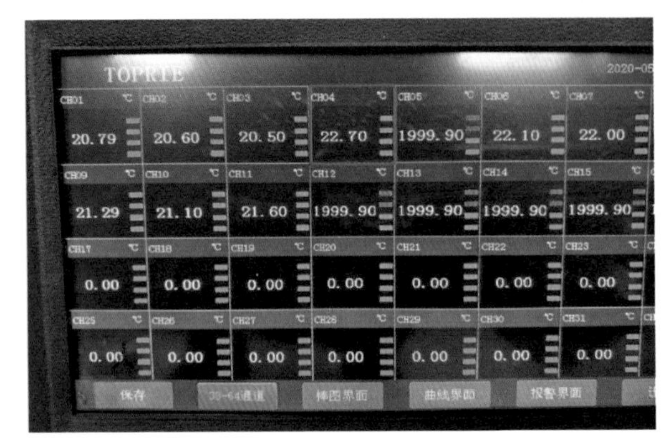

图2－52 试样温度

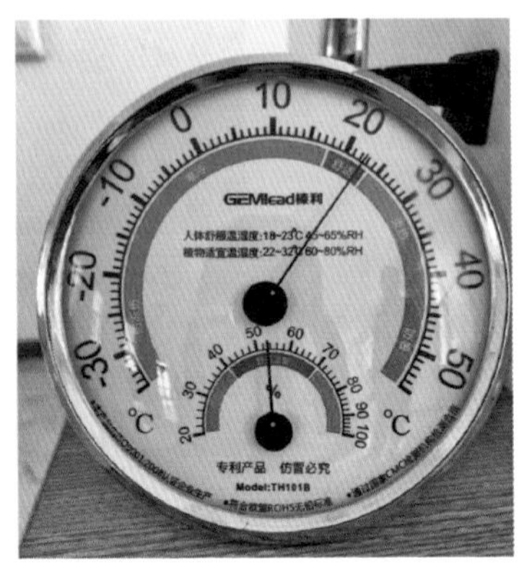

图2－53 试验环境温度

综上可以判断，试样温度和试验环境温度均符合试验标准。

（4）分析及结论。经多方排查，此变压器绝缘油颜色几乎无色，呈透明状，无可见杂质、气泡，无气味。因为击穿电压的测试对试样中微量的水相当敏感，且难以通过外观判断，所以试验人员猜测其不合格原因为绝缘油中含有微水。通过微水试验，测得绝缘油中微水含量为40.4mg/L，超过了《运行中变压器油和汽轮机油水分含量测定法（库仑法）》（GB/T 7600）中规定的110kV等级变压器水分含量小于等于35mg/L。因此可以判断，导致此变压器油耐压试验不合格的原因是绝缘油中含有微水。

2.7.7.3 预防措施与建议

油中的水分主要来源于潮湿空气的侵入、变压器油氧化后生成以及从外部渗入，尤其在运输和储存过程中易混入杂质和吸潮，因此在实际使用前要对变压器油进行有效的去杂除湿处理。

第3章 电流互感器(35kV及以下)抽检试验及典型案例分析

3.1 电流互感器(35kV及以下)局部放电测量

3.1.1 试验意义介绍

目前，10kV电压等级的电流互感器已经全部是干式电流互感器，实际运行中的油浸式电流互感器也在逐步地被干式电流互感器取代。

干式电流互感器以其体积小、质量轻、免维护的优点得到了广泛的使用。

在物资抽检工作全面开展之前，35kV电流互感器只是进行常规绝缘类试验便投入电网使用，导致设备投入运行一段时间后事故频发。因此，只有通过局部放电试验才能判断设备内部是否存在绝缘缺陷，确保设备安全稳定运行。

通过实践证明，电流互感器局部放电试验能够检测出设备内固体绝缘内部裂纹或者气泡等。由于局部放电发生在很小的范围内（例如，绝缘内部气隙或气泡），其放电量很小，并且没有形成贯穿性放电通道，其并不会影响设备短时绝缘强度。但是，介质在局部放电作用下会引起电气性能的老化和击穿。因此，2016年之后国家电网公司加大了对于干式电流互感器局部放电测量试验的抽检比例。

3.1.2 试验依据及要求

试验依据：《国家电网有限公司物资采购标准》《供货合同技术文件》《互感器　第1部分：通用技术要求》（GB/T 20840.1）、《互感器　第2部分：电流互感器的补充技术要求》（GB/T 20840.2）、《互感器试验导则　第1部分：电流互感器》（GB/T 22071.1）。

要求：在规定测量电压下的局部放电水平应不超过规定值。

3.1.3 试验方法简述

试验前将互感器的低压绕组全部短接，并与设备外壳一起接地，局部放电测量试验是在工频耐压试验之后，不切断电源将试验电压降低至1.2倍的额定电压，持续30s，并在此期间测量局部放电水平，然后将试验电压降至$1.2/\sqrt{3}$的额定电压，持续30s，测量此期间的局部放电水平。

局部放电试验预加电压的程序有以下两种，试验时可以采用任意一种：

——局部放电测量电压是在工频耐压试验后的降压过程中达到。

——局部放电试验是在工频耐压试验结束之后进行，施加电压达到额定工频耐受电压的80%，至少保持60s，然后将试验电压平缓的降低到规定的局部放电测量电压。

按照以上程序施加电压后，将电压降到表3–1规定的局部放电测量电压，在30s之内测量相应的局部放电水平。

表3–1 局部放电测量电压

系统中性点接地方式	互感器类型	局部放电测量电压（方均根值，kV）
中性点有效接地系统	接地电压互感器	$1.2U_m/\sqrt{3}$
	不接地电压互感器	$1.2U_m$
中性点绝缘或非有效接地系统	接地电压互感器	$1.2U_m/\sqrt{3}$
	不接地电压互感器	$1.2U_m$

3.2 电流互感器（35kV及以下）工频耐压试验

3.2.1 试验意义介绍

随着电流互感器的广泛应用，其发生故障的情况也有所增加。

根据使用过程中出现的设备故障原因分析，大量的故障设备存在先天性的绝缘缺陷。对电流互感器进行工频耐压试验是保障互感器绝缘性能的最有效方法。工频耐压试验主要是考核电流互感器主绝缘强度与局部缺陷。

电流互感器耐压试验包括一次绕组的工频耐压试验，二次绕组的工频耐压试验，匝间过电压试验，绕组段间工频耐压试验。

电流互感器一次绕组工频耐压试验用于考核一次绕组对接地部件及二次绕组间的绝缘强度。电流互感器二次绕组工频耐压试验用于考核二次绕组对接地部件及对一次绕组的绝缘强度。电流互感器匝间过电压试验用于考核一次绕组对接地部件及对二次绕组间的绝缘强度。电流互感器绕组段间工频耐压试验是指当互感器一次或二次绕组分成两段或多段时，试验时将一个线段施加电压，其他线段接地，考核绝缘强度。

配电网络中10kV电流互感器基本为干式电流互感器，并且一次或二次绕组不分段，故不涉及段间工频耐压试验。

3.2.2　试验依据及要求

试验依据：《国家电网有限公司物资采购标准》《供货合同技术文件》《互感器　第1部分：通用技术要求》（GB/T 20840.1）、《互感器　第2部分：电流互感器的补充技术要求》（GB 20840.2）、《互感器试验导则　第1部分：电流互感器》（GB/T 22071.1）。

要求：规定试验电压和规定时间内电压不出现突然下降。

3.2.3　试验方法简述

电流互感器一次绕组工频耐压试验是将电压施加到短接的一次绕组的出线端，所有二次绕组短接同夹件、箱壳连接到在一起后接地。调压器由零位开始缓慢施加至试品技术条件规定的试验电压，10kV电流互感器的试验电压为42kV，持续时间60s后缓慢降至30%试验电压值下，切断电源。试验过程中无破坏性放电，则试验合格。

电流互感器二次绕组工频耐压试验是电压施加于短路的各二次绕组与地之间，电流互感器的一次端子短接接地。调压器由零位开始缓慢施加至试品技术条件规定的试验电压，10kV电流互感器的试验电压为3kV，持续时间60s后缓慢降至30%试验电压值下，切断电源。试验过程中无破坏性放电，则试验合格。电流互感器具有多个二次绕组时，应分别对每一组二次绕组进行试验。

电流互感器匝间过电压试验，应选择满匝二次绕组进行，按下列程序之一进行。

程序 A：二次绕组开路，对一次绕组施加频率为 40～60Hz 的实际正弦波电流，其方均根值等于额定一次电流，持续 60s。若匝间无击穿现象，则试验合格。如果在达到额定一次电流之前，已经得到规定的试验电压 4.5kV，则施加的电流应受限制。如果在最大一次电流下未达到规定的试验电压，则所达到的电压应认定为试验电压。

程序 B：一次绕组开路，在每一个二次绕组端子之间施加规定试验电压，持续 60s。若匝间无击穿现象，则试验合格。

3.3　电流互感器（35kV 及以下）抽检试验典型案例分析

3.3.1　干式电流互感器浇注工艺问题导致局部放电测量异常

3.3.1.1　情况说明

（1）设备信息。该设备为 LZZBJ9－10 型号的 10kV 户内干式浇注电流互感器。该设备外形如图 3－1 所示。

图 3－1　干式浇注电流互感器

本型号互感器为树脂浇筑式绝缘设备，户内型，全封闭支柱式结构，适用于额定频率为 50Hz，在最高运行电压为 12kV 的系统中使用，通常应用在高压开关柜等开关设备内部，用于电力系统中电流、电能的测量及保护，产品表面采用不喷涂工艺，具有良好的绝缘和防潮性能，适用于污秽、凝露等恶劣环境下使用。

（2）干式电流互感器简介。在发电、变电、输电、配电和用电的线路中电流大小差距很大，从几安到几万安都有。为便于测量、保护和控制，需要将大电流换为比较统一的小电流。另外线路上的电压一般都比较高，如果直接测量是非常危险的。电流互感器就起到电流变换和电气隔离作用。

电流互感器与变压器类似，也是根据电磁感应原理工作，变压器变换的是电压而电流互感器变换的是电流。电流互感器的作用是可以把数值较大的一次电流通过一定的变比转换为数值较小的二次电流，用来进行保护、测量等用途。电流互感器原理如图 3-2 所示。

电流互感器有多种分类方式，按照绝缘介质分类可以分为：

1）干式电流互感器。由普通绝缘材料经浸漆处理作为绝缘，如图 3-3 所示。

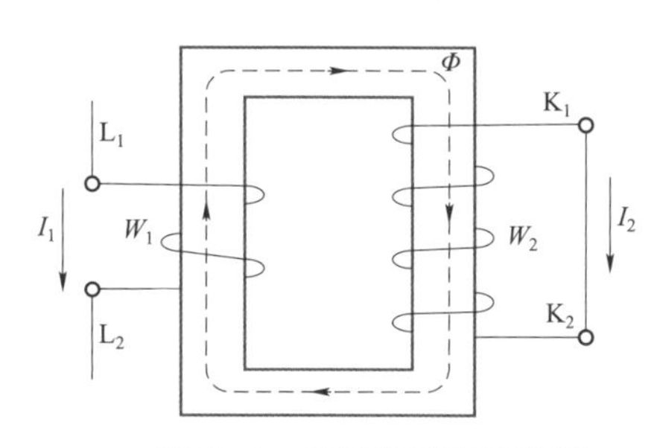

图 3-2　电流互感器原理图

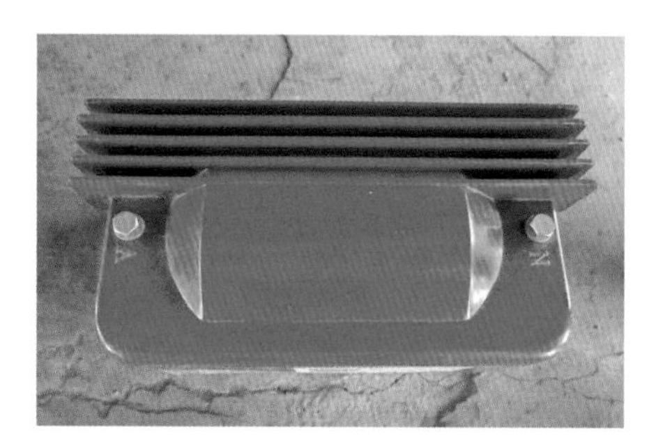

图 3-3　干式电流互感器

2）浇注式电流互感器。用环氧树脂或其他树脂混合材料浇注成型的电流互感器。

3）油浸式电流互感器。由绝缘纸和绝缘油作为绝缘，一般为户外型。

4）气体绝缘电流互感器。主绝缘由气体构成。

目前在配电设备中，10kV 电压等级的电流互感器普遍为干式电流互感器。干式电流互感器使用环氧树脂等绝缘材料，具有阻燃性强、环保等级高、运维工作简单等优点。

（3）异常现象简述。试验人员对某干式电流互感器进行检测试验时发现，此干式电流互感器局部放电测量试验不合格。

此干式电流互感器在进行局部放电测量时，局部放电量均超出标准规定范围。根据放电波形图推断为内部放电造成。不合格试验波形如图 3-4 所示。

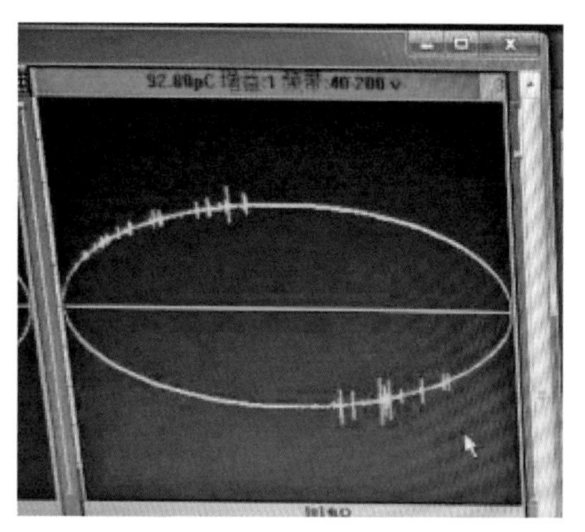

图 3-4　不合格试验波形图

3.3.1.2 问题排查及分析

（1）检测仪器排查。由于局部放电试验受外部因素影响较大，所以遇到试验不合格时首先需排除外部干扰。

试验人员将屏蔽室中各个变频设备关闭，再次开展试验，试验结果相同，可以排除此因素。

（2）被测设备排查。为防止粉尘因素影响试验结果，试验人员对该互感器表面进行清理，确保被测设备表面清洁、无脏污。清理后再次开展试验，试验结果相同，可以排除此因素。

试验人员通过仪器检测，确认试验室空气湿度满足试验要求（相对湿度50%～70%），排除试验室空气湿度过大引起互感器表面放电或空气放电。

试验人员对该互感器的绝缘部件、二次绕组螺栓等进行检查，均紧固无松动，金属件倒角均平滑无尖端，可以排除此因素。

（3）局部放电波形分析。

1）外部干扰图谱。做局部放电试验时，除绝缘内部可能产生局部放电外，引线的连接，电接触以及日光灯，高压电极的电晕等，也可能会影响局部放电的波形。为此，要区别绝缘内部的局部放电与其他干扰的波形，表 3－2 为典型的外部干扰波形及说明。

表 3－2　　典型的外部干扰波形及说明

序号	干扰源	波形	说明
1	高压尖端对接地板电晕放电	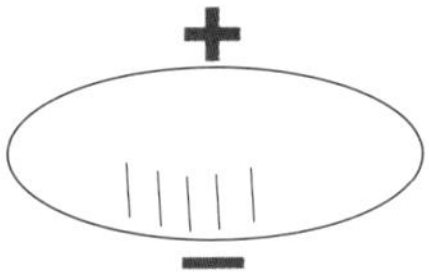 + −	在负极性峰值开始出现放电脉冲：随电压升高，脉冲数量增多，幅值不变：电压升得过高时，正极性峰值处会出现幅值很高的放电脉冲
2	接地尖端对高压板电晕放电	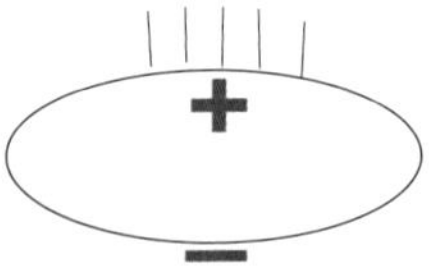 + −	在正极性峰值开始出现放电脉冲：随电压升高，脉冲数量增多，幅值不变：电压升得过高时，负极性峰值处会出现幅值很高的放电脉冲
3	高压尖端对接地板，其间有绝缘屏障	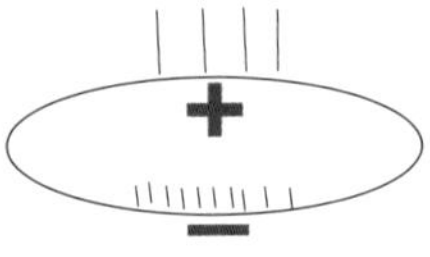 + −	起始放电图形同序号 1，但幅值较小，电压稍升高后，在正极性会出现幅值较高，数量不多的大脉冲

续表

序号	干扰源	波形	说明
4	接地尖端对高压板，其间有绝缘屏障		起始放电图形同序号 2，但幅值较小，电压稍升高后，在正极性会出现幅值较高，数量不多的大脉冲
5	接触不良		不规则脉冲，对称分布于电压零值两端，在峰值处为零，电压升高时噪声所占范围增加
6	悬浮电位引起的放电		幅值相同、间隔相等的脉冲，有时成对出现（由视觉余晖造成）。幅值不随电压升高
7	磁饱和引起的谐波效应，电抗器气隙不紧造成振动效果		完全对称的频率较低的振荡，正负半周完成对称，随电压升高逐渐增加幅值，波形特征不变
8	荧光灯干扰		有规则的脉冲群，只有当距离很近的耦合才出现
9	通信设备干扰		信号与所加电压无关。等幅值的间隙调制正弦波或调幅正弦波
10	晶闸管整流设备干扰		固定幅值，固定位置的强干扰脉冲，间隔取决于整流设备的相数

2）内部放电图谱。图 3-5 为典型内部放电图谱。

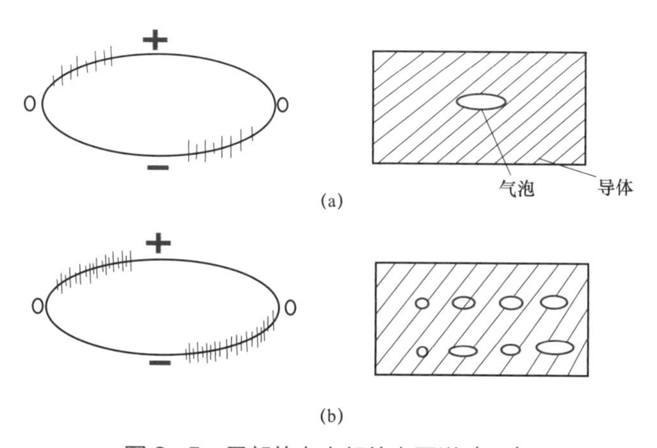

图 3-5　局部放电内部放电图谱（一）

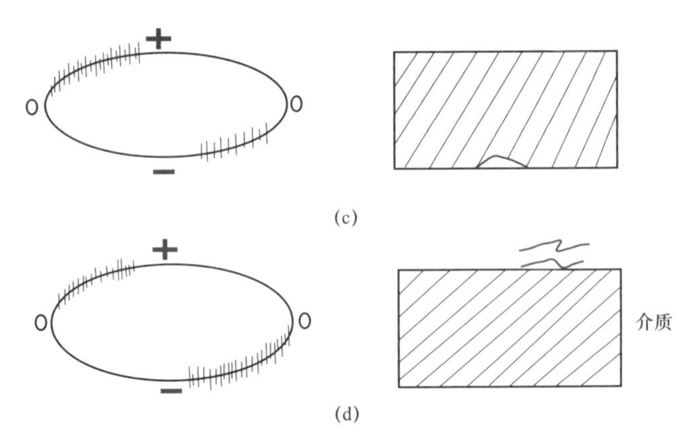

图 3-5　局部放电内部放电图谱（二）

图 3-5（a）中绝缘结构仅有一个与电场方向垂直的气隙，放电脉冲叠加于正负峰值之间的位置，对称两边脉冲幅值及频率基本相等。

图 3-5（b）中绝缘结构内含有各种不同尺寸的气隙，多属于浇注绝缘结构，例如高压柜内的 TA、TV、触头盒、绝缘子，产生此种波形为常见。

图 3-5（c）中绝缘结构仅含有一个气隙位于电极的表面与介质内部气隙的放电响应不同。

图 3-5（d）中一簇不同尺寸的气隙位于电极的表面，但属封闭型；电极与绝缘介质的表面放电气隙不是封闭的。

通过局部放电波形图（见图 3-4）可以初步判断，该互感器为内部放电造成局放不合格。

造成干式电流互感器内部放电的原因有很多，例如：互感器固体绝缘内部有气泡或金属悬浮颗粒等。干式电流互感器内部结构如图 3-6 所示。

图 3-6　干式电流互感器内部结构图

电流互感器内产生局部放电的环节，一般是在电场集中和绝缘薄弱的部位。

油浸式和气体绝缘式电流互感器放电部位一般为端部绝缘的油隙放电；层间绝缘的油隙或气隙放电等。树脂浇灌固体绝缘互感器的放电部位多在固体绝缘的气泡部位发生。

局部放电对绝缘的破坏作用有两种情况：一是放电质点对绝缘的直接轰击造成局部绝缘破坏，逐步扩大，使绝缘击穿。二是放电产生的热、臭氧、氧化氮等活性气体的化学作用，使局部绝缘受到腐蚀，电导增加，最后导致热击穿。通常，电气绝缘的破坏或局部老化，多是从局部放电开始的。它的危害性也就突出表现在降低绝缘寿命和影响安全运行。

3.3.1.3　预防措施

对于固体绝缘的干式电流互感器在设备真空浇注过程中要严格控制制造工艺，完善产品的真空脱气流程，避免设备内部产生气隙、悬浮颗粒物、气泡等。设备表面污染、划痕、固体绝缘形成分层、裂缝等也会对设备的绝缘性能造成影响。

3.3.2　干式电流互感器二次绕组安装工艺问题导致耐压试验异常

3.3.2.1　情况说明

（1）设备信息。该设备是 LZZBJ9－10C5 型号的干式电流互感器，为树脂浇注绝缘，户内型，全封闭支柱式结构。其一、二次绕组和铁心全部浇注在产品内部，不合格的电流互感器示例如图 3－7 所示。

图 3－7　不合格的电流互感器示例图

（2）环氧树脂的绝缘性能。环氧树脂因其具有化学性能稳定、电气绝缘性好、机械强度高等优点，普遍应用于电气绝缘行业，是固体绝缘电气设备的主要材料之一。干式电流互感器、电压互感器、固封极柱断路器、绝缘子、触头盒、母线套管等电气设备的主要组成为树脂、固化剂、促进剂、填料、增韧剂等，同时环氧浇注式的电流互感器具有精度高、绝缘性能好、体积小等优点。

（3）异常现象描述。该干式电流互感器进行一次绕组工频耐压试验时发生放电击穿。确认试验接线正常后，反复测量均无法达到额定耐受电压。

3.3.2.2　问题排查及分析

（1）检测仪器排查。试验人员检查试验接线，确认高压连接线与被测设备接触良好，被测设备外壳和接地端子接地牢靠。

试验人员将互感器非加压端的绕组全部短接牢靠后，进行可靠接地。

试验过程中，试验仪器升压平稳，排除试验仪器影响。

图 3-8　耐压试验时放电点

（2）解体分析。此电流互感器一次绕组工频耐压试验不合格后，试验人员对该电流互感器进行解体。

试验人员将该设备解体到一半时发现耐压试验放电痕迹，放电点如图 3-8 中线框处所示。

为查明具体放电原因，试验人员进一步对该设备解体，当该电流互感器被完全解体露出二次绕组时，可以明显看出二次绕组的位置以及放电痕迹如图 3-9 和图 3-10 所示。

图 3-9　解体的电流互感器

图 3-10　二次绕组位置以及二次绕组放电痕迹

试验人员将解体后的电流互感器与组装前电流互感器的绕组进行比较，绕组装模前位置如图 3-11 所示，可以看出，按照标准工艺电流互感器的二次绕组与一次绕组存在一定的绝缘距离，且分别被固定在铁心的上、下两端，装模时应先固定好一、二次侧绕组位置，再对电流互感器进行装模、干燥、环氧真空

浇注、真空脱气、出模加热固化等操作。通过解体后的电流互感器与组装前电流互感器的绕组进行比较，明显发现该故障设备的二次绕组出现错位现象。

图 3-11 装模前一、二次绕组位置与解体后二次绕组偏包对比图

因此，试验人员判断该干式电流互感器装模时偏包，导致二次绕组线圈没有固定到位，一次绕组与二次绕组的绝缘距离不满足标准要求，导致在进行电流互感器一次绕组工频耐压试验时，一次绕组对二次绕组及地放电击穿。

（3）比对验证。为了验证该分析，试验人员找来同等型号、相同绝缘方式的电流互感器进行一次绕组耐压试验，试验过程中施加相同耐受电压值、相同持续耐受时间，试验结果为合格，试验过程无放电击穿现象，试验结果如图 3-12 所示。

项目试验结果

试验项目：一次绕组工频耐压试验　试验状态：合格

标准要求：一次绕组工频耐压：参照GB20840.3 若试验中无破坏性放电现象，则试验合格；

检测备注：测量持续时间:{结果$持续时间}s
测量电压:{结果$电压}kV
试验频率:50Hz

试验项目名称	试验项目参数值	试验项目参数单位	状态
电压	42.02	kV	可用
持续时间	60.0	秒	可用
试验频率		Hz	可用

图 3-12 比对的一次绕组耐压试验结果

通过以上验证，可以判定该设备是由于制造工艺问题导致的一次绕组工频耐压试验不合格。

3.3.2.3 预防措施

干式电流互感器生产设备厂商在设备生产制造过程中应严格控制生产工艺。电流互感器半成品装模工序中要严格把控工艺流程，避免造成偏模等问题，真空浇注过程中避免设备内部产生气隙、悬浮颗粒物、气泡等。脱模后的电流互感器在去毛刺过程中避免环氧混合物的产生，同时设备表面污染、划痕、固体绝缘形成分层、裂缝等也会对设备的绝缘性能造成影响。

第 4 章　电磁式电压互感器（35kV 及以下）抽检试验及典型案例分析

4.1　电磁式电压互感器（35kV 及以下）局部放电测量

4.1.1　试验意义介绍

35kV 及以下电磁式电压互感器，其绝缘结构一般为浇注式树脂绝缘结构，设备在使用过程中，由于高压线圈产生电场，树脂间会出现场强不均的情况，在设备内部形成较大的电场强度梯度差，从而产生较为明显的放电现象，造成设备局部放电较大，长此以往，放电会破坏设备内部树脂绝缘性能，影响电磁式电压互感器的使用寿命及产品质量，进而引发对地放电或者击穿事故，甚至造成更为严重的电网短路事故，给电力系统的安全运行带来较大的隐患。而电磁式电压互感器仅采用耐压试验难以断定该设备能否继续长时间投入使用的，只有通过局部放电试验才能够判断是否因电场不均匀产生放电现象。

4.1.2　试验依据及要求

试验依据：《国家电网有限公司物资采购标准》《供货合同技术文件》《互感器　第 1 部分：通用技术要求》（GB/T 20840.1）、《互感器　第 3 部分：电磁式电压互感器的补充技术要求》（GB 20840.3）、《互感器试验导则　第 2 部分：电磁式电压互感器》（GB/T 22071.2）。

要求：在规定测量电压下的局部放电水平应不超过规定值。

4.1.3　试验方法简述

局部放电试验预加电压的程序有两种，可采用任意一种：

——局部放电测量电压是在工频耐压试验后的降压过程中达到。

——局部放电试验是在工频耐压试验结束后进行，施加电压上升到额定工频耐受电压的 80%，至少保持 60s，然后不间断地降低到规定的局部放电测量电压。

按照以上程序施加电压后，将电压降到表 4-1 规定的局部放电测量电压，在 30s 之内测量相应的局部放电水平。

表 4-1　　局部放电测量电压

系统中性点接地方式	互感器类型	局部放电测量电压（方均根值）（kV）
中性点有效接地系统	接地电压互感器	$1.2U_m/\sqrt{3}$
	不接地电压互感器	$1.2U_m$
中性点绝缘或非有效接地系统	接地电压互感器	$1.2U_m/\sqrt{3}$
	不接地电压互感器	$1.2U_m$

4.2　电磁式电压互感器（35kV 及以下）抽检试验典型案例分析

4.2.1　屏蔽层接触不良导致局部放电测量异常

4.2.1.1　情况说明

（1）设备信息。该设备为 JSZV12-10RG3 型号的三相电磁式电压互感器。屏蔽层接触不良导致局部放电测量异常的电磁式电压互感器如图 4-1 所示。

图 4-1　屏蔽层接触不良导致局部放电测量异常的电磁式电压互感器

该设备参数见表 4–2。

表 4–2　电磁式电压互感器参数

额定电压比（V）	准确级次及额定二次输出（VA）	极限输出水平（VA）
10 000/220	3—2 × 3000	2 × 3000

该电磁式电压互感器适用于额定电压为 10kV，额定频率为 50Hz 或 60Hz 的电力线路设备中，用做测量电压和电能使用。该设备另一个不同之处在于：设备的一次侧配备有熔断器，熔断器与互感器短路承受能力相匹配。该设备容量大、安装方便，可广泛用于各种美式箱式变电站及其他开关柜。

该电磁式电压互感器具有以下特点：

1）一次端子与美式 200A 大口径肘型插头配套使用，使一次连接更为紧固、方便、快捷，并起到密封高压端子的作用；

2）产品一次端子均配置了专用熔断器，解决了用户为配置熔断器而使空间紧张的烦恼；

3）二次出线口加盖板密封并配备带封铅的螺钉，不仅适用于户外箱式变压器，还可防止触电事故和窃电现象。

（2）三相电磁式电压互感器原理。该设备的不同之处在于该互感器为三相电压互感器，为了分析方便可以将其看成由两台电磁式电压单相互感器采用 V/V 型接线组成三相电磁式电压互感器，原理如图 4–2 所示。

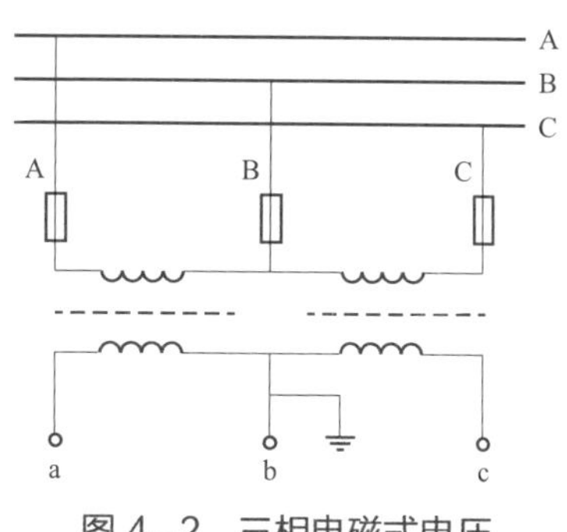

图 4–2　三相电磁式电压互感器原理图

（3）局部放电测量试验方式。该类型电磁式电压互感器一次端子均配置了专用熔断器，实际使用时需将一次端子与美式 200A 大口径肘型插头配套使用。局部放电试验时，为了模拟现场情况，需设计相应工装用于将该类型电磁式电压互感器一次端子与熔断器连接。试验工装使用如图 4–3 所示。

该电磁式互感器是以 B 相为公共点，由于该互感器内部接法为 V/V 型接法，所以可以看成是由两台相同单相接地电压互感器组成，即接法为 A–X–B、

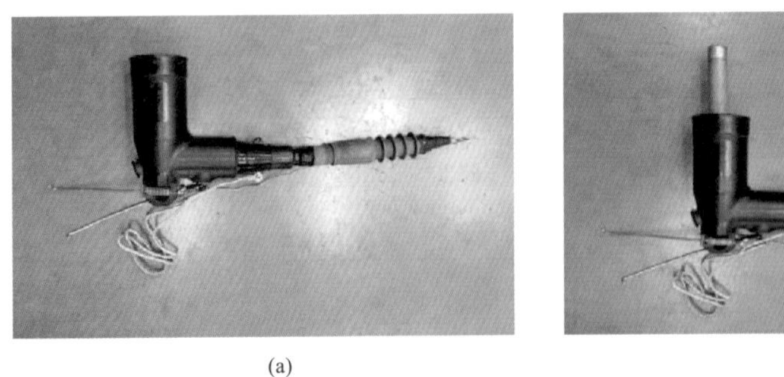

(a)

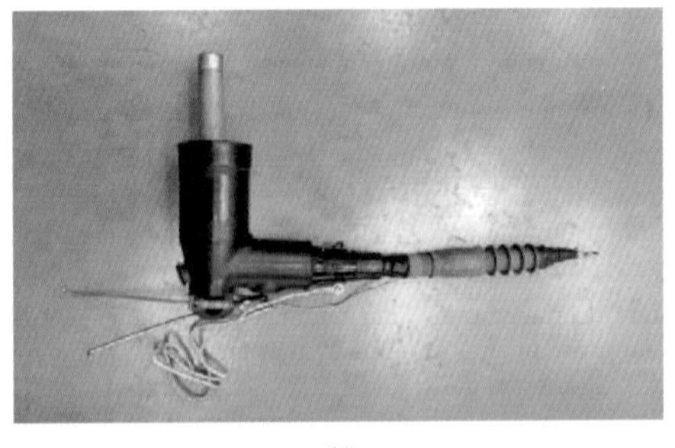

(b)

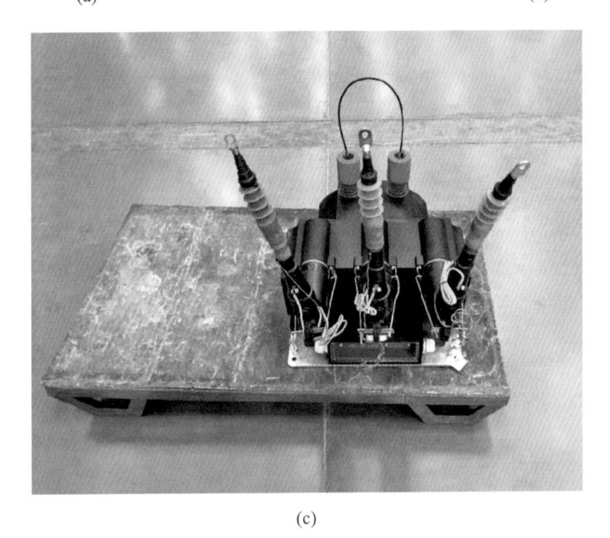

(c)

图 4–3　试验工装与设备连接

（a）试验工装样式；（b）试验工装与熔断器连接；（c）试验工装与设备连接

A–X–C，所以 B 相就是两台互感器的公共点，可以看成是 N 端，用于测量 AB、BC 相的线电压。该设备的耐压试验、局部放电试验需要区别于常规的互感器接线方式，可以参照图 4–4 接线方式。

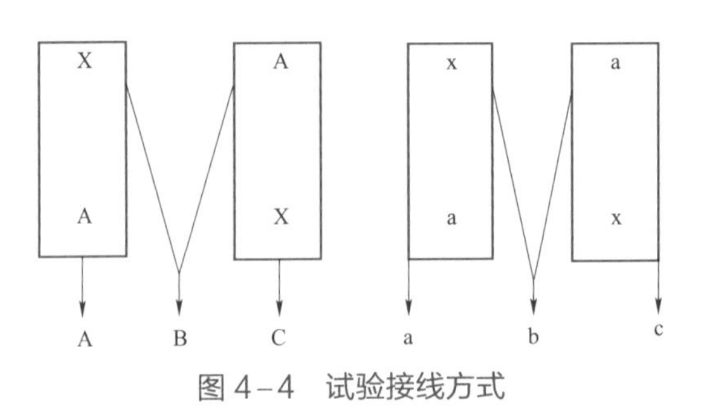

图 4–4　试验接线方式

该电磁式电压互感器二次端子的接线方式和一次端子接线方式相同，为 V/V 型接线。试验人员可以将该电压互感器理解为两台全绝缘电压互感器分别进行试验即可，开展一次端子对二次端子工频耐压试验时需将高压 A、B、C 三相短接，二次绕组 1a、1b、1c 三相短接接地，一次侧施加工频 42kV 试验电压，期间未发生破坏性放电则判定试验通过。

试验人员开展局部放电试验时，需要对 A、B、C 三相分别测量局部放电量，局部放电试验结果取三相最大值。测量 A 相局部放电量时，将高压线接到一次绕组 A 相，B 相接地（视为 N 端），二次绕组只需将 2b 相接地即可，测量此时局部放电量。测量 C 相局部放电量时，将高压线接到一次绕组 C 相，B 相接地（视为 N 端），二次绕组只需将 2b 相接地即可，测量此时局部放电量。测量 B 相局部放电量时，需进行两次试验，将高压线接到 B 相，二次绕组只需将 2b 相接地即可，A 相和 C 相分别接地测量局部放电量。

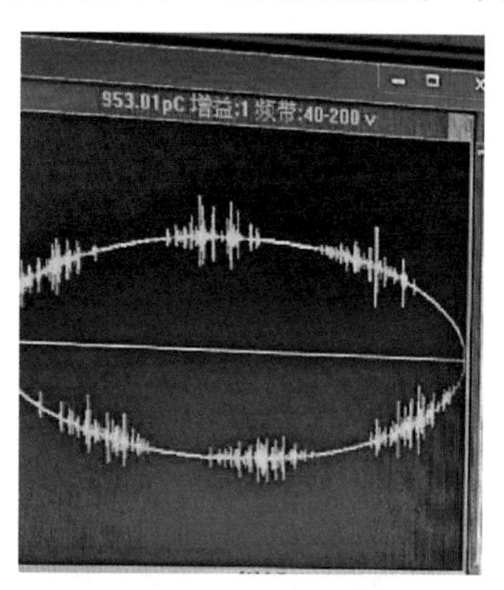

图 4–5　不合格波形图

（4）异常现象简述。该电磁式电压互感器根据以上方法开展局部放电测量试验时，电压互感器 A 相局部放电量超过标准值。不合格波形图如图 4–5 所示。

4.2.1.2　排查及分析

（1）检测仪器排查。由于局部放电试验受外部影响因素较多，所以判定试验不合格时首先需排除外部干扰。

将屏蔽室中各个变频设备关闭，再次开展试验，试验结果相同，可以排除此因素。

（2）被测设备排查。为防止粉尘因素影响试验结果，对该互感器进行表面清理，同时确认互感器处于干燥状态，清理后再次开展试验，试验结果相同，可以排除此因素。

对该电磁式电压互感器的绝缘部件、二次绕组螺栓等进行检查，均紧固无松动，金属件倒角均平滑无尖端，可以排除此因素。

（3）波形图分析。试验人员分析局部放电波形图，发现该波形属于尖端放电。

该波形图对应的放电现象是：① 一簇不同尺寸的封闭型气隙，位于电极的表面产生发电；② 非封闭型气隙位于电极与绝缘介质的表面产生的放电。

因此，检测人员需要进一步排查该设备表面可能的放电部位。

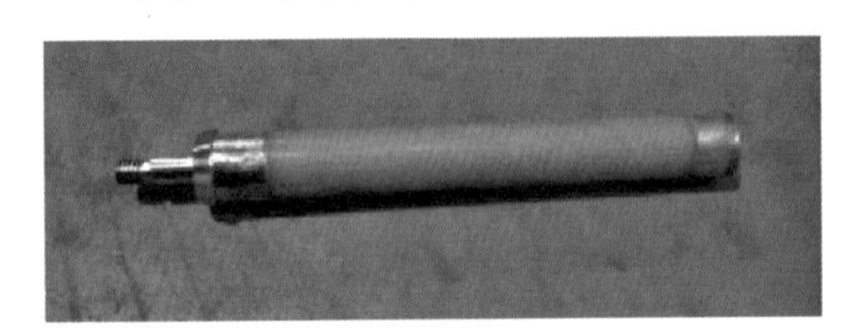

图 4-6 熔断器

（4）熔断器排查。试验人员为了验证是否是 A 相熔断器影响局放结果，将 A 相熔断器取下，检查熔断器后未发现破损痕迹。熔断器如图 4-6 所示。

试验人员取下 B、C 相熔断器分别插入该设备的 A 相熔断器绝缘筒，开展局部放电试验，试验结果没有变化，仍然为不合格。不合格波形图如图 4-7 所示。

试验人员再将 A 相熔断器分别插入该设备的 B 相熔断器绝缘筒和 C 相熔断器绝缘筒做局放试验，试验结果均合格。合格波形图如图 4-8 所示。

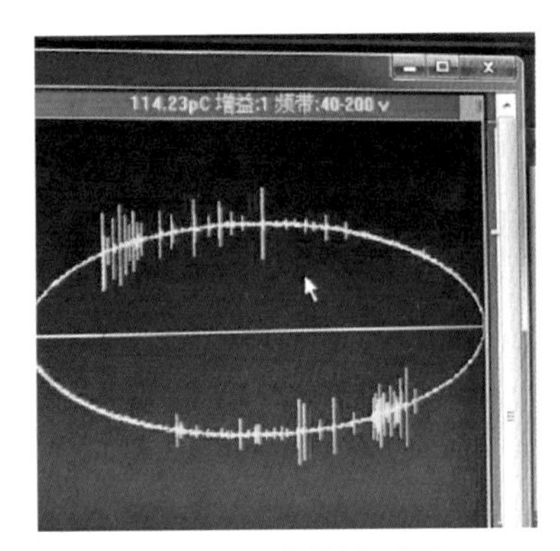

图 4-7 不合格波形图

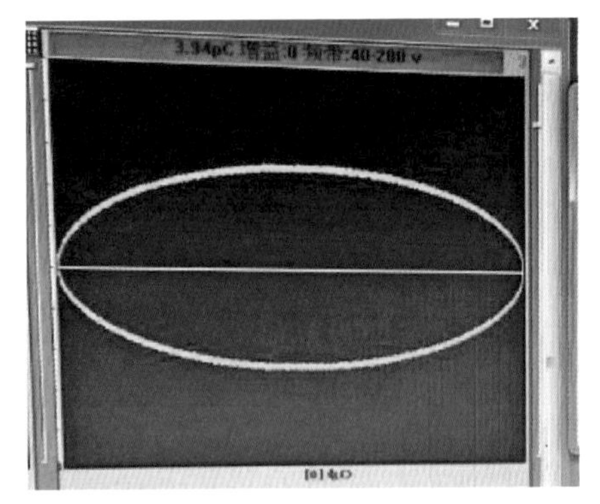

图 4-8 合格波形图

通过以上操作证明 3 个熔断器本身不存在问题。

（5）外观检查。试验人员将该电磁式电压互感器的 A 相熔断器取下，检查该设备 A 相熔断器绝缘筒，发现 A 相熔断器绝缘筒底部存在屏蔽层破损的痕迹。A 相熔断器绝缘筒如图 4-9 所示。

试验人员分析，可能是由于该设备的 A 相熔断器绝缘筒经过熔断器的反复插拔后屏蔽层破损，导致 A 相的熔断器与一次端子接触不良。

试验人员为验证以上推测，对该互感器 A 相绝缘筒涮导电漆以满足屏蔽层和互感器一次侧 A 相充分接触，再次开展局部放电试验，试验结果合格。合格波形图如图 4–10 所示。

因此，该互感器局放试验不合格原因是：互感器 A 相内部元器件接触不良。

图 4–9　熔断器绝缘筒

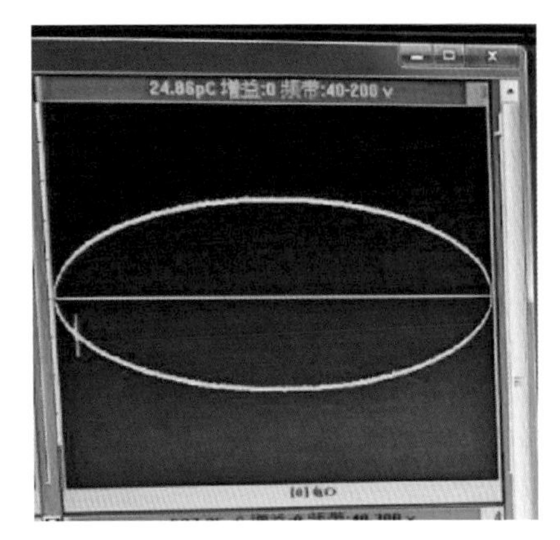

图 4–10　合格波形图

4.2.1.3　预防措施

该类型电磁式电压互感器试验时需使用专用的电缆肘头连接，防止类似的情况发生。

同时对于电磁式电压互感器，运行中必须保证未使用的二次绕组开路，否则可能导致互感器损坏。使用时需定期除尘，一般要求互感器上灰尘厚度小于 0.2mm。

设备在运输中不能有强烈的颠簸和振动。

第 5 章　高压开关柜抽检试验及典型案例分析

5.1　高压开关柜温升试验

5.1.1　试验意义介绍

温升试验是验证高压开关柜载流能力的重要试验，用于考核导电回路通正常工作电流后的发热。高压开关柜通过正常工作电流时，由于电阻损耗、涡流损耗和磁滞损耗等，将电能转变为热能，其中一部分散失到周围环境中，另一部分加热载流导体使其温度升高。

高压开关柜运行时的温升现象对电力系统的运行起到决定性作用。当高压开关柜的温升超标后，会导致绝缘性能严重下降、接线熔焊等现象，对供电系统和设备的安全性、稳定性造成极大的威胁。

5.1.2　试验依据及要求

试验依据：《国家电网有限公司物资采购标准》《供货合同技术文件》《交流高压断路器》（GB 1984）、《3.6kV～40.5kV 交流金属封闭开关设备和控制设备》（GB 3906）、《高压交流断路器订货技术条件》（DL/T 402）、《3.6kV～40.5kV 交流金属封闭开关设备和控制设备》（DL/T 404）、《高压开关设备和控制设备标准的共用技术要求》（DL/T 593）。

要求：母线连接处温升限值 75K，触头温升限值 65K，可触及处外壳温升限值 30K，不可触及处外壳温升限值 40K。

5.1.3　试验方法简述

为保证试验准确不受外在因素影响，试验时高压开关柜应置于无空气流动

的环境下（由于设备温升试验时发热引起的气流除外）。

为了减少由于高压开关柜温度和周围空气温度变化之间的时间滞后引起的变化和误差，可以将测量环境温度的传感器长时间置于不少于1000mL的金属油杯中。

5.1.3.1 温升试验回路

一般来讲，高压开关柜抽检试验的温升试验主要是指主回路的温升试验。采用高压开关柜进行等效温升试验时，回路接线从高压开关柜母线室接线端进线，经主回路与电缆室出线端直接短接。一般来说，试验用接线母排尺寸与柜内母排尺寸相同。

5.1.3.2 试验设置

温升试验时，采用温度传感器测量高压开关柜内部不同关键温升部件的温度。试验电流为高压开关柜（或者互感器、母排）额定电流的1.1倍。需对单面高压开关柜的柜体侧覆盖，模拟现场多台并柜运行工况。

试验应持续足够长时间，当温升测量点的温升值在最后1h内增加不超过1K，则判定温升达到稳定状态，试验结束。

5.2 高压开关柜机械试验

5.2.1 试验意义介绍

机械试验主要包括机械操作试验、机械特性试验两个部分。

机械特性试验包括分合闸时间、速度、行程、开距、同期、弹跳等。保证适当的分、合闸速度，才能充分发挥开断电流能力。高压开关柜分、合速度过低会使燃弧时间增长造成触头烧损甚至熔焊，断路器灭弧室内部压力增大后切断短路故障时可能引发爆炸事故。刚合速度的降低由于存在阻碍触头关合电动力的作用，将使触头振动或运动停滞，若合闸短路故障时可能发生爆炸。当触头运动速度过高时造成运动机构受过度机械应力，使个别零部件损坏或寿命缩短，同时由于强烈的机械冲击和振动还会使触头弹跳时间加长。

刚分速度：指开关在分闸过程中，动、静触头分离瞬间的运动平均速度作为刚合点的瞬时速度。

刚合速度：指开关在合闸过程中，动、静触头接触瞬间的运动平均速度作为刚合点的瞬时速度。

三相不同期：指开关三相分（合）闸时间的最大及最小值的差值。

开距：指开关从分状态开始到动触头与静触头刚接触的这一段距离。

弹跳时间：指开关的动静触头在合闸过程中发生的所有接触、分离（即弹跳）的累计时间值（即第一次接触到完全接触的时间）。

机械操作试验是断路器处于空载（即主回路没有电压、电流）的情况下进行各种操作性试验。用来验证断路器机械性能及操作可靠性的试验。

电动机储能电压限值：供给弹簧（或重锤）储能的，或者驱动压缩机或泵的电动机及其操作的辅助设备，应该为额定电源电压的85%～110%。

并联合闸脱扣器电压限值：并联合闸脱扣器为合闸装置额定电源电压的85%～110%、交流时为合闸装置的额定电源频率应该正确地动作。当电源电压等于或小于额定电源电压的30%时，并联合闸脱扣器不应脱扣。

并联分闸脱扣器电压限值：并联分闸脱扣器为分闸装置额定电源电压的65%～110%（DC）或85%～110%（AC）、交流时为分闸装置的额定电源频率下，在开关装置所有的直到其额定短路开断电流的操作条件下，均应动作可靠。

高压开关柜应该具有可靠的“五防”功能：

（1）防止误分、误合断路器；

（2）防止带负荷分、合隔离开关（插头）；

（3）防止带电分、合接地开关；

（4）防止带接地开关送电；

（5）防止误入带电间隔。

高压开关柜的五防联锁功能专门用来防止出现电气误操作，保障高压开关柜的安全运行，保护人身安全与电气设备运行安全，是高压开关柜的重要组成部分。

5.2.2　试验依据及要求

试验依据：《国家电网有限公司物资采购标准》《供货合同技术文件》《交流高压断路器》（GB 1984）、《3.6kV～40.5kV 交流金属封闭开关设备和控制设备》（GB 3906）、《高压交流断路器订货技术条件》（DL/T 402）、《3.6kV～40.5kV 交

流金属封闭开关设备和控制设备》（DL/T 404）、《高压开关设备和控制设备标准的共用技术要求》（DL/T 593）。

要求：电源电压操动机构使开关合闸和分闸，并联合闸脱扣器在 85%～110%（AC）或 65%～110%（DC）间正确动作，低于 30%时可靠不动作；主回路和接地回路中所有装的开关装置在规定的操作条件下的机械特性应符合开关装置各自技术条件要求；高压开关柜应具有可靠的五防联锁功能。

5.2.3　试验方法简述

机械特性试验是对断路器储能电机、合闸电机、分闸电机按操作顺序施加额定电流使其动作，断路器合分过程中测量合闸时间、分闸时间、不同周期等参数。

机械操作试验是对断路器储能电机施加下限 85%、上限 110%的电源电压，储能弹簧应动作可靠，操作 5 次；对断路器分闸线圈施加下限 85%、上限 110%的电源电压（如果是直流电压下限应该为 65%），断路器应正确分闸，操作 5 次；对断路器合闸线圈施加下限 85%，上限 110%的电源电压，断路器应正确分闸，操作 5 次；对断路器合闸线圈施加 30%额定电压时不应有合闸动作，操作 5 次；对断路器分合闸线圈施加额定电源电压，断路器应正确分合闸；对于额定操作顺序是 O－0.3s－CO 或者 O－0.3s－CO－180s－CO 的断路器（O－分闸、C－合闸、CO－合闸操作后紧接着进行一个分闸操作），按该操作顺序操作 5 次，操作顺序 O－0.3s－CO 的目的是当线路出现故障时，断路器先断开 0.3s 之后，才能进行下一次合闸，如果故障未排除，则需要立即分闸，此时储能机构需要重新储能，一般 20s 内能完成储能，操作顺序是 O－0.3s－CO－180s－CO 的断路器连续经过两次故障分断，灭弧室需要降温和介质恢复，只能在 3min 之后，完成下一次合分的操作了。

通过如下操作验证高压开关柜五防联锁能力：

（1）电缆室门与接地开关采取机械闭锁方式，并有紧急解锁装置。

（2）当断路器处在合闸位置时，断路器小车无法推进或拉出。

（3）当断路器小车未到工作或试验位置时，断路器无法进行合闸操作。

（4）当接地开关处在合闸位置时，断路器小车无法从试验位置进入工作位置。

（5）当断路器小车处在试验位置与工作位置之间（包括工作位置）时，无法操作接地开关。

（6）进出线柜应装有能反映出线侧有无电压并具有自检功能的带电显示装置，应装设在仪表室。

（7）当出线侧带电时，应闭锁操作接地开关，并通过电磁锁直接闭锁后柜门。

（8）母线验电小车只有在母联分段柜开关小车及对应主变压器开关小车在试验或检修位置时才允许推入。母线接地时，该母线上的验电小车不能推入。

（9）开关柜电气闭锁应单独设置电源回路，且与其他回路独立。

（10）带电显示装置指示有电时/模拟带电时，若无接地开关，直接闭锁开关柜后柜门，电气闭锁可靠。

（11）后柜门未关闭，接地开关不能分闸，机械闭锁可靠。

（12）主变压器隔离柜/母联隔离柜的手车在试验位置时，主变压器进线柜/母联开关柜的手车不能摇进工作位置，电气闭锁可靠。

（13）主变压器进线柜/母联开关柜的手车在工作位置时，主变压器隔离柜/母联隔离柜的手车不能摇出试验位置，电气闭锁可靠。

（14）断路器所有操作应为闭门操作。

（15）手车在运行位置，断路器室柜门应机械闭锁，不能打开。

5.3　高压开关柜工频耐压试验

5.3.1　试验意义介绍

电力设备在实际运行中，长期受电场、温度和机械振动的作用，其绝缘性能会逐步发生劣化，形成缺陷。除工频耐压试验以外的其他试验项目，试验电压大多低于电气设备的工作电压，不能足够保证设备的安全性。工频耐压试验是考核电气设备绝缘性能，承受工频过电压能力的有效方法，对设备的安全、稳定运行具有重要意义。工频耐压试验时，其电压、波形、频率能准确地反映出被试品绝缘内部电压的分布运行情况，能有效地发现绝缘缺陷。工频耐压试验电压比设备运行电压高很多，因此，通过工频耐压试验，说明设备有

较大的安全裕度，可以保障设备在运行中可以承受一定的过电压，保证系统安全运行。

配电网物资抽检工作开展以来，工频耐压试验不合格的设备不占少数。工频耐压不合格设备一旦入网运行，将造成重大的安全隐患。对于这种产品重大的质量缺陷，本章列举出了一些典型案例进行分析和总结，并对设备故障问题提出了预防措施和整改建议。

5.3.2　试验依据及要求

试验依据：《国家电网有限公司物资采购标准》《供货合同技术文件》《交流高压断路器》（GB 1984）、《3.6kV～40.5kV 交流金属封闭开关设备和控制设备》（GB 3906）、《高压交流断路器订货技术条件》（DL/T 402）、《3.6kV～40.5kV 交流金属封闭开关设备和控制设备》（DL/T 404）、《高压开关设备和控制设备标准的共用技术要求》（DL/T 593）。

要求：对地、相间 1min 工频耐受电压 42kV，断口 1min 工频耐受电压 48kV，被试回路无击穿或闪络现象发生。

5.3.3　试验方法简述

对于 10kV 电压等级的高压开关柜，应考核相对地、相间和断口间的工频耐压情况，应按表 5－1 的方式施加试验电压。

表 5－1　　试　验　方　式

开关装置	加压部位	接地部位	试验电压（kV）
合闸	Aa	BCbcF	42
合闸	Bb	ACacF	42
合闸	Cc	ABabF	42
分闸	A	BCabcF	48
分闸	B	ACabcF	48
分闸	C	ABabcF	48
分闸	a	ABCbcF	48
分闸	b	ABCacF	48
分闸	c	ABCabF	48

高压开关柜的断路器手车摇到试验位置时，会在柜内形成隔离断口，应对隔离断口同样考核耐压能力，应按表 5-2 方式施加电压。

表 5-2　　试 验 方 式

开关位置	加压部位	接地部位	试验电压（kV）
试验位	A	BCabcF	48
试验位	B	ACabcF	48
试验位	C	ABabcF	48
试验位	a	ABCbcF	48
试验位	b	ABCacF	48
试验位	c	ABCabF	48

试验时，施加试验电压持续 60s，电压不出现突然下降判定试验合格。

5.4　高压开关柜局部放电测量

5.4.1　试验意义介绍

高压开关柜能够接收与分配电能，是配电网中重要的配电设备，广泛用于配电系统中。如果高压开关柜发生故障，将会造成严重后果。例如，开关柜内部设备因绝缘劣化而导致的开关柜爆炸、引发火灾等，造成重大经济损失，影响电网的安全稳定运行。

高压开关柜在电网运行中出现故障多与设备的绝缘性、导电性和机械结构有关。据统计，绝缘与载流故障占高压开关柜故障原因比率约 60%以上，而绝缘与载流故障都与放电现象密切相关。根据实际运行经验，发生故障前在事故潜伏期内都可能有放电现象产生，局部放电既是征兆也是导致绝缘劣化、发生绝缘故障的主要原因。

传统的观点认为，电气设备在经受短时工频耐压和雷电冲击后，便可保证长期运行。工频耐压和雷电冲击试验，其所施加的试验电压值，只是考核了产品能否经受住各种过电压的作用。但是，这种过电压值的试验与运行中长期工作电压的作用是有区别的。经受住了过电压试验的产品，能否在长期工作电压

作用下保证安全运行，还需要进行局部放电试验。

高压开关柜局部放电试验分为绝缘件局部放电试验和整柜局部放电试验。本节主要介绍合闸情况下整柜的局部放电试验。

5.4.2　试验依据及要求

试验依据：《国家电网有限公司物资采购标准》《供货合同技术文件》《3.6kV～40.5kV 交流金属封闭开关设备和控制设备》（GB 3906）、《高压交流断路器订货技术条件》（DL/T 402）、《3.6kV～40.5kV 交流金属封闭开关设备和控制设备》（DL/T 404）。

要求：在 $1.1U_N$ 电压下（U_N 为额定电压）的最大允许局部放电量满足技术规范要求。

5.4.3　试验方法简述

高压开关柜局部放电试验分为程序 A 和程序 B。具体试验方式见表 5-3。

表 5-3　　高压开关柜局部放电试验试验方式

试验分类	程序 A	程序 B	
电源连接方式	依次连接到每相	依次连接到每相	同时连接到三相
接地连接的元件	其他相和工作时接地的所有部件	其他两相	工作时接地的所有部件
最低预施电压	$1.3U_N$	$1.3U_N$	$1.3U_N/\sqrt{3}$
试验电压	$1.1U_N$	$1.1U_N$	$1.1U_N/\sqrt{3}$

5.5　高压开关柜雷电冲击试验

5.5.1　试验意义介绍

高压开关柜是人们日常生活用电过程中必不可少的高压设备，具有数量多，应用面广的特点，柜子本身的绝缘水平是影响电网安全运行的重要因素之一。如果高压开关柜在运行过程中发生绝缘事故，将会引起大面积停电甚至火灾等重大安全问题，给国家和人民造成巨大损失。雷电冲击试验是判断高压开关柜绝缘性能的重要手段，是考验开关柜绝缘是否能承受绝缘过电压能力的有效方法，对确保设备安全、稳定投入运行具有重要意义。

5.5.2　试验依据及要求

试验依据：《国家电网有限公司物资采购标准》《供货合同技术文件》《高压开关设备和控制设备标准的共用技术要求》（GB/T 11022）、《高压开关设备和控制设备标准的共用技术要求》（DL/T 593）。

要求：试验冲击波应采用标准雷电冲击全波，即（1.2μs±30%）/（50μs±20%）在正负两种极性下进行，例行试验要求正负各施加3次冲击，型式试验要求正负各15次冲击，开关设备和控制设备只能在干式状态下进行雷电冲击试验。对于自恢复绝缘和非自恢复绝缘的开关设备和控制设备应满足非自恢复绝缘上没有出现破坏性放电；每个试验系列至少进行15次试验；每个完整的试验系列破坏性放电次数不超过2次且最后一次破坏性放电之后连续5次试验未出现破坏性放电，则试验通过。

5.5.3　试验方法简述

试验电压的施加应该分两种状况：相对地、相间的试验电压相同；断口试验电压一般更高。一般情况下，10kV高压开关柜当相对地、相间和断口的试验电压相同时按表5–4规定施加电压。

表5–4　雷电冲击试验条件

试验条件	开关装置位置	加压部位	接地部位	施加电压（kV）
1	合闸	Aa	BCbcF	75
2	合闸	Bb	ACacF	75
3	合闸	Cc	ABabF	75
4	分闸	A	BCabcF	85
5	分闸	B	ACabcF	85
6	分闸	C	ABabcF	85
7	分闸	a	ABCbcF	85
8	分闸	b	ABCacF	85
9	分闸	c	ABCabF	85

5.6　高压开关柜抽检试验典型案例分析

5.6.1　高压开关柜外壳侧板上产生涡流，导致温升试验不合格

5.6.1.1　情况说明

（1）设备信息。该设备为额定电流 3150A 的 KYN28 型号的高压开关柜，该柜体如图 5–1 所示，侧板为敷铝锌板。

图 5–1　高压开关柜外壳侧板

（2）开关柜的发热和散热。根据热平衡原理，开关设备的温升决定于发热和散热两方面的情况。

在电路中，对一个电气连接点来说，热量是用 $Q=I^2Rt$ 表示的，其中 Q 是产生的热量，I 是通过截面积的电流，R 是接头的电阻，t 是时间。实际运行中的设备，不管应用何种材料进行电力传输，都有材料直流电阻存在，在电流和电压的作用下，就会产生热损耗，但是，当某一部位的直流电阻过大，热量在这一部位集中，正常散热无法使热量快速消散，就会使热耗在这一点集中，使本部位的温度升高，当温度超过了设备或接头的允许温度值，就造成发热故障。

近年来，由于对开关柜的成本进行控制，并增强其内部空间利用，导致开关柜的体积开始向小型化发展。开关柜由于其特殊的功能，其体积很小、结构非常紧凑，封闭式模式以及内部间隔防护等级较高，使得其散热成为一个难点。尤其在电流规模大的中置柜中，温升现象表现得极其突出。在实际运行中，发热问题解决的好坏，对设备的老化有重要影响，甚至于直接造成设备损坏和电力系统运行故障。

（3）异常现象简述。高压开关柜在实际运行中为并柜使用，故认定其外壳侧板属于不可触及处外壳。本案例为一台额定电流 3150A 的 KYN28 型高压开关柜，温升试验时外壳侧板温升超过标准值而判定不合格。

高压开关柜的温升不合格情况绝大部分发生在柜体内部，外壳侧板温升不合格的现象在检测过程中十分少见，也容易受到忽视。温度传感器测量外壳侧板温度时，应将传感器贴于柜体母线室的穿墙套管附近。外壳侧板温升测量位置如图 5–2 红框处所示。

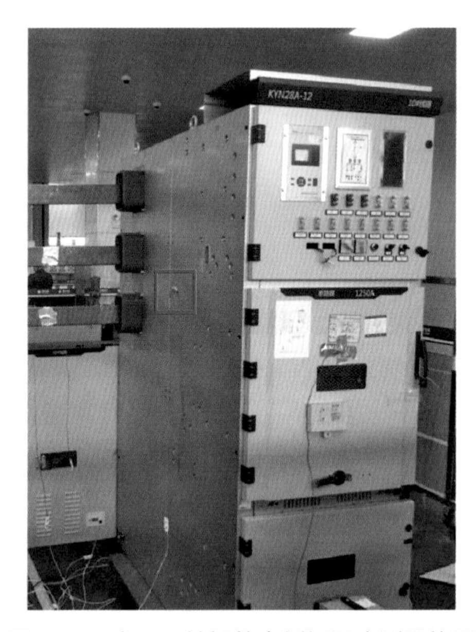

图 5–2　高压开关柜外壳侧板温度测量位置

该高压开关柜在进行温升试验时，侧板温升值超过标准的 40K，达到了 50K 左右，判定为试验不合格。测量温度不合格如图 5–3 的 CH10、CH11 所示。

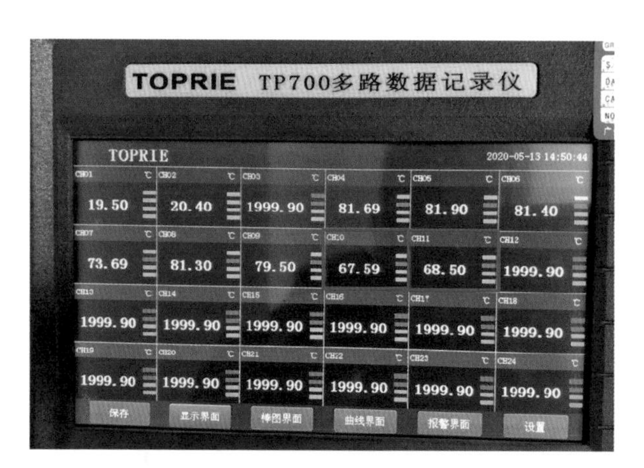

图 5-3　高压开关柜外壳侧板温度不合格

5.6.1.2　排查及分析

（1）环境温度排查。由于高压开关柜内部温升值符合标准，侧板温升值却超过标准 10K，试验人员首先怀疑此现象是否由于环境温度骤升，导致开关柜侧板温度随之升高。

经排查，整个试验过程中，实验室无明显气流流动，测量环境温度的传感器全程温度稳定，无明显波动。同时测量环境温度的传感器一直置于不少于 1000mL 的金属油杯中，并未从油杯中脱落，减少由于高压开关柜温度和周围空气温度的变化之间的时间滞后引起的变化和误差。测量环境温度的传感器如图 5-4 所示。

图 5-4　测量环境温度的传感器置于油杯中

试验人员观察环境温度测量值，结果稳定并无波动。环境温度测量结果如图 5-5 中的 CH1、CH2 所示。因此，试验人员排除了因环境温度因素，导致侧板温度过高的可能。

（2）侧板材质排查。高压开关柜开展温升试验时，将大电流变压器连接的大电流试验线通过连接母排与柜内母排连接，母排的连接见图 5-6，连接母排从外壳侧板的穿墙套管中穿过。试验过程中连接母排将会流过试验电流，在外壳侧板中产生变化的磁场，根据电磁感应定律，在外壳侧板中产生环流，环流做旋涡状流动，被称为涡流，涡流产生热量导致侧板温度升高。

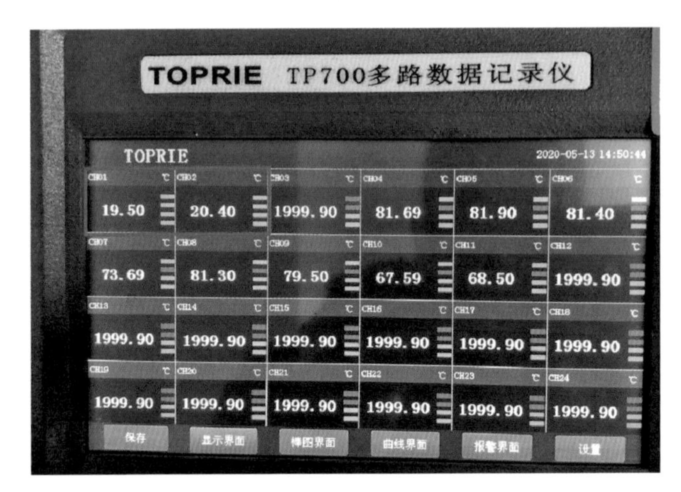

图 5-5　环境测量温度

图 5-6　高压开关柜温升试验时母排连接

磁感应强度在不同的物质内产生的磁场强度与磁导率成正比。在高磁导率的物质内，磁感应强度是空气中的 100 多倍。当电流增加到一定程度时，由于磁感应强度增加，磁通量也要增加，在导磁体内产生的涡流随之增加。

根据这一因素，试验人员分析是由于开关柜侧板的材质为一种导磁材料，当母排流过试验电流时，在侧板中产生涡流，涡流产生热量导致侧板

温度升高。

为了验证这一分析，试验人员使用合金分析仪对该高压开关柜侧板材质进行检测，根据检测结果判定该侧板材料为敷铝锌板，是一种高导磁材料。

由于本台开关柜侧板材质为敷铝锌板，是高导磁材料；并且本台开关柜试验电流为3465A，电流较大，故产生的热量较多；另外开关柜自身的风道存在设计上的缺陷，热量无法及时散去，最终造成侧板温升超过40K。

5.6.1.3　预防措施与建议

既然涡流产生的发热对开关柜的运行不利，那么就要根据涡流产生的原理及特点，在开关柜设计中，采取适当的措施抑制涡流的产生。通常采用以下几种方式来抑制涡流的产生：

（1）让三相同时穿过一个封闭金属回路，使其磁通为零。在设计柜体时，要明确开关柜中母线的布置及走向，尽量保证三相母线同时穿过同一封闭金属回路，就可以有效防止涡流的产生。

（2）采用不锈钢、铝、环氧酚醛树脂及工程高强度塑料等非磁性材料制作隔板、支撑件，甚至整个骨架，可以有效抑制涡流的产生。尽可能减少隔板方面的不必要板件，如必要可采用环氧酚醛树脂等材料制作。例：如果柜间防护等级要求不高，可取消柜间隔板；或进出母线室需分隔时，可采用环氧酚醛树脂等。

设备厂商在大电流高压开关柜设计时，考虑到机械强度、制作工艺、成本控制等方面因素，都会采用不锈钢材料来制作母线支撑件。从而达到使用非磁性材料切断闭合金属回路的效果。采用不锈钢板制作的柜体母线室及电缆室侧板，如图 5-7 所示。

图 5-7　高压开关柜母线室及电缆室采用整面不锈钢侧板

（3）在磁性材料形成的闭合金属回路上开隔磁槽。磁性材料在母线间穿行可等效成铁心，而铁心正是主磁通量 Φ 的通道。在变压器铁心中，常采用高导磁材料，制成卷铁心或环形铁心等设有接缝的结构来增加铁心的束磁能力。而在开关柜中则恰恰相反，开隔磁槽就是为了增大磁阻，使磁能量尽量释放在空气中，这种现象称为漏磁。漏磁是磁源通过特定磁路泄漏在空气（空间）中的磁能量。磁体的磁场在内部闭合对外是不显磁性的，当对外形成磁极后即产生了磁场，磁场是对外开环辐射的，所以有部分能量可以释放出去。

图 5-8　高压开关柜侧板上的穿墙套管安装孔及隔磁槽

高压开关柜的设计中往往会利用这一点，由于母线电压较高，安全距离较大，主母排无法在较紧凑的情况下穿越同一闭合金属回路。所以在侧板上分别开孔供 A、B、C 三相主母排穿越，孔与孔之间开 80mm 隔磁槽即穿墙套管，可以有效防止相与相之间产生较大涡流。侧板三相主母线孔如图 5-8 红框处所示。此方法已经广泛应用于高压开关柜侧板、电缆进线隔板、母线出柜顶顶盖板等板件上。

（4）增大母线与磁性材料间的距离。由于磁场呈辐射状分布，离磁源越远，受磁场能量的影响越小，产生的涡流也就越小。设计母线时，应考虑柜内母线布置对各磁性材料金属件的距离，原则上应该尽量远离。若无法采用上述方法时，应与客户协商，增大柜体尺寸，从根本上减少涡流。

另外，采取强制通风冷却，改善环境温度等方法，也可以大幅度减少发热事故。但是就目前的设备状况来看，想要完全避免发热事故也是不现实的。建议通过监视监管的方法，提前发现高压开关柜的发热迹象，以便采取措施，防止出现恶性事故。

5.6.2　电磁性噪声导致无法继续开展温升试验

5.6.2.1　情况说明

（1）设备信息。该设备为 KYN28 型号的高压开关柜，额定电流为 3150A，采用 120mm 宽的母排，高压开关柜如图 5-9 所示。

（2）异常现象简述。根据标准要求，高压开关柜温升试验时，施加的试验电流为 1.1 倍的额定电流，该高压开关柜的额定电流 3150A，故试验电流为 3465A。检测人员发现在高压开关柜的温升试验过程中，当试验电流达到 2000A 时，柜体产生噪声明显变大，当试验电流达到 3465A 时，柜体噪声达到 100 多分贝，噪声测量如图 5-10 所示。

图 5-9　高压开关柜

图 5-10　测量噪声

5.6.2.2　排查及分析

（1）风机检查。高压开关柜的容量日益增加，温升控制的标准越来越高，尤其是额定电流在 3150A 及以上的高压开关柜。

国内主流高压开关柜厂商会根据高压开关柜运行中几个发热源，分别在相应位置增设风机，从而改善柜内温升。各个设备厂商对高压开关柜柜内的风道设计各有不同，风机安装方式也会随之变化，但是多数厂商均在柜内安装温湿度控制器用以自动启动风机。温湿度控制器如图 5-11 所示。

风机散热的过程基本是当温湿度控制器的温度传感器检测到柜内温度达到设定值时，风机自动启动，温度传感器如图 5-12 所示，风机的电气原理如图 5-13 所示。柜内热气通过柜体上方的风机排出，而冷风不断地由下门的风机吸进柜内，从而使密封的柜体自下而上形成一个通风道，使柜内空气对流，从而降低柜内温度。

由于风机成本较低，占整柜总成本的比例较低，因此多数厂商均会在柜内安装 4 只以上风机。风机一般安装在母线室、断路器室顶部，电缆室底部。柜内安装的风机如图 5-14 所示。

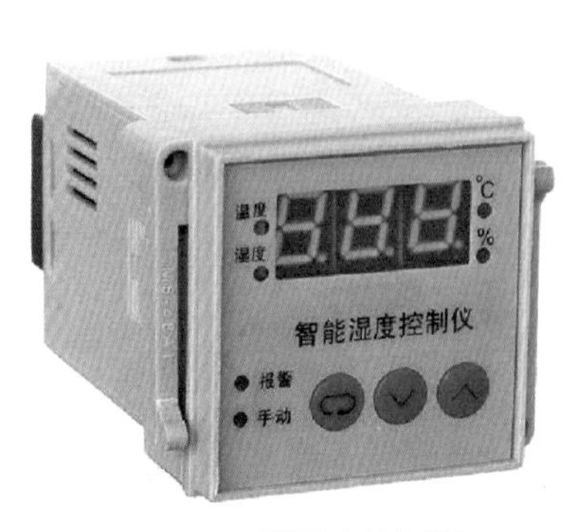

图 5－11　温湿度控制器

图 5－12　温度传感器

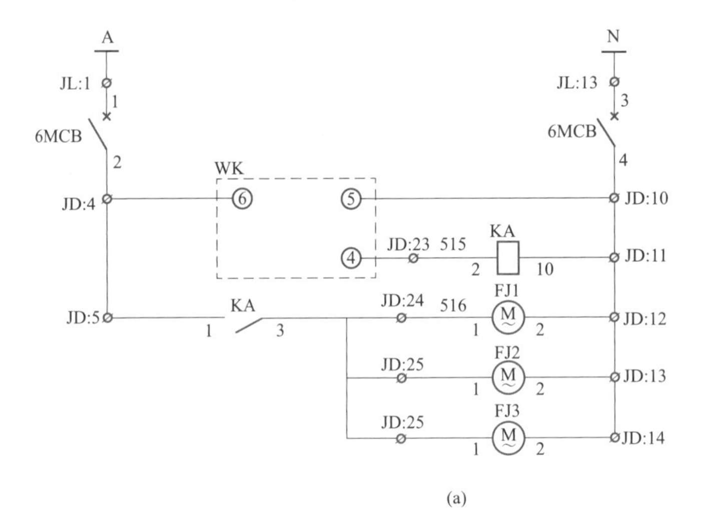

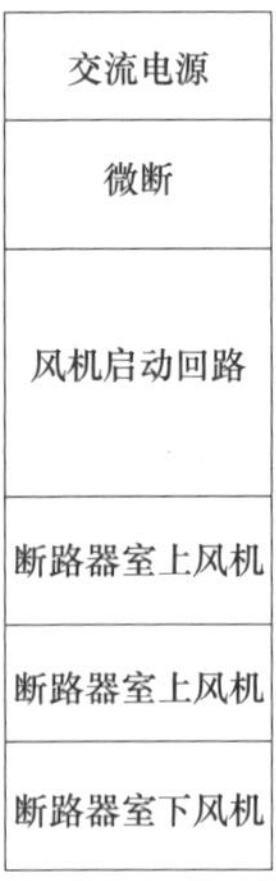

(a)

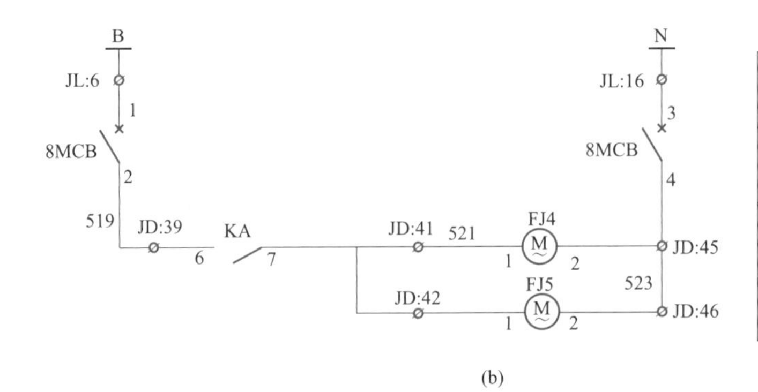

(b)

图 5－13　高压开关柜风机电气原理图（一）

（a）断路器室风机原理图；（b）电缆室风机原理图

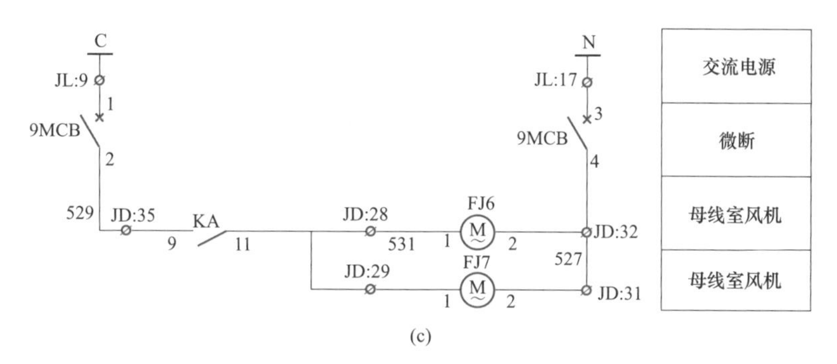

(c)

图 5-13 高压开关柜风机电气原理图（二）

（c）母线室风机原理图

(a)

(b)

图 5-14 高压开关柜风机安装位置

（a）母线室风机；（b）电缆室风机

温升试验时需模拟现场运行状态，高压开关柜满负荷运行时，风机全部启动，故温升试验时，试验人员也需将设备的全部风机启动。

风机在运行时会产生空气动力性噪声和机械噪声，这是高压开关柜运行时主要的噪声之一。

空气动力性噪声是由于风机的扇叶转动，使空气振动，同时空气流动撞击柜体内部而产生的单频噪声，风路中的连接零件谐振也会产生噪声。

机械噪声时风机转动引起离心力所产生的机械振动和噪声、轴承振动噪声等。

本案例中为验证该高压开关柜噪声过大是否是由于风机运行导致，试验人员将风机全部关闭，再次开展温升试验，经测量试验过程中高压开关柜产生的噪声未明显减弱，因此排除了风机运行导致此次异常现象的可能。

（2）电磁性噪声分析。高压开关柜运行时除了风机会产生噪声外，自身也会产生机械噪声。

机械噪声的定义是设备运转时，部件间的摩擦力、撞击力或非平衡力，使机械部件或壳体产生振动而辐射声波，这就是噪声声波。机械噪声主要为空气动力性噪声、机械性噪声和电磁性噪声。而高压开关柜中的机械噪声主要为电磁性噪声。

电磁性噪声是由电磁场交替变化而引起某些机械部件或空间容积振动而产生的噪声。

高压开关柜温升试验时，大电流发生器通过试验母排向高压开关柜的母排施加试验电流。流过试验电流的母排周围有磁场，而磁场作用于其柜内的敷铝锌板、其他相母排，使其受力，同方向电流的导体互相吸引，反方向电流的导体互相排斥，这种互相吸引和排斥的力就是设备内的电动力。

由毕奥·萨法尔定律可知电动力大小与两导体通过的电流成正比，与导体间中心距离成反比。

异常现象中，试验人员发现当试验电流达到一定值时，噪声才产生，说明正是由于电动力的作用产生了温升试验过程中的噪声。

试验人员分析，高压开关柜的母排及柜体、柜体内连接件的自振动频率，是由自身机构和材料决定；高压开关柜母排流过试验电流时，产生电动力使他们互相产生强迫振动；当强迫振动的频率接近或等于导体系统的自振动频率时，自身会以更大的振幅做振动，也就产生机械振动。

由毕奥•萨法尔定律可知，交流电动力频率是电流频率的2倍，如果电动力频率与导体系统的固有振荡频率 f 相等时，则导体势必会发生机械共振现象。

以上原因导致了高压开关柜运行时在电动力的作用下产生振动与噪声。该设备的额定电流较大，由于开关柜结构设计不合理、内部结构部件松动，高压开关柜振动与噪声发生异常。若高压开关柜长期保持异常振动运行，容易导致其内部部件松动、接触裂化以及局部放电等严重缺陷，严重威胁电力系统的安全运行。

5.6.2.3　预防措施与建议

根据安培定律，平行母线之间的作用力为

$$F = KI_1I_2l / a$$

式中　K——系数；

I_1，I_2——两根母线中分别流过的电流值；

l——两平行母线的长度；

a——两平行母线间的垂直距离。

通过上面公式可见，电动力的大小与母线长度成正比，因此减少跨距来消除共振是个很好的办法，适当的绝缘支撑跨距对于减小振动，降低噪声非常重要。需要改变柜内结构，改变母排的绝缘支撑。如果设计的母排绝缘支撑不合理，会导致两个绝缘支柱之间的母排过长，而在大电流的作用下产生强大的电动力而引起振动。

同时柜内连接件应采用优质材料，连接部位保证按设计要求可靠连接，零部件应紧固，保证装配扭矩达标。

设备设计之初进行动态分析和模态分析，降低振动水平，避免产生共振。

采取防噪声隔音措施，采用消声装置以隔离和封闭噪声源，采用隔振装置以防止噪声通过固体向外传播，由此达到设备隔音效果。

设备安装隔声装置，用一定材料、结构和装置将声源封闭起来，以此阻断噪声的传播，达到设备隔音降噪目的。

5.6.3　断路器室外门锁孔与断路器手车锁孔不匹配导致高压开关柜无法操作

5.6.3.1　情况说明

（1）设备信息。该设备为KYN28型号的高压开关柜，额定电流为3150A，采用120mm宽的母排，高压开关柜如图5－15所示。

（2）高压开关柜隔室简介。高压开关柜的主要电气元件都有其独立的隔室，一般来说，各独立隔室分别是A母线室、B断路器（手车）室、C电缆室、D继电器室。各个独立隔室如图5－16所示。

图5－15　KYN28型号的高压开关柜

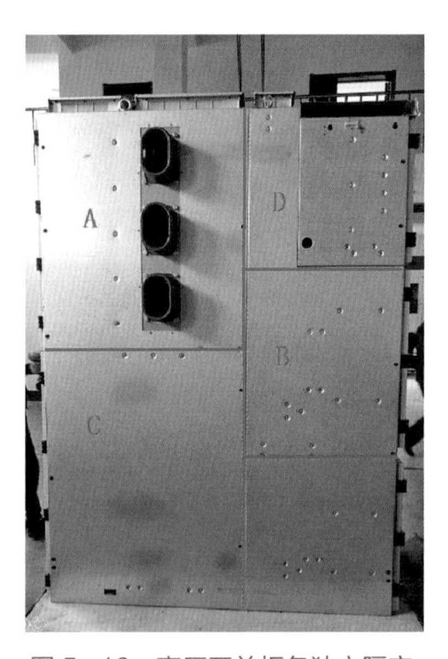

图5－16　高压开关柜各独立隔室

母线室：一般来说，母线室均布置在高压开关柜的背面上部，用作安装三相高压交流母线以及通过支路母线实现与静触头连接。母线一般会采用绝缘套管塑封。在母线穿过高压开关柜侧板时，用穿墙套管固定。如果柜内出现故障电弧，其能限制事故蔓延到邻柜，同时可以保障母线的机械强度。图5－17为母线室内部。

断路器（手车）室：断路器室内安装了特定的导轨供手车在断路器室内滑行，手车能在工作位置、试验位置之间移动。静触头的隔板（活门）均安装在断路器室的后壁上。当手车从试验位置移动到工作位置过程中，隔板会自动打开，反方向移动手车则隔板会完全复合，从而保障了操作人员不触及带电体。

一般来说，手车的骨架采用钢板经 CNC 机床加工后铆接而成。手车与柜体绝缘配合，机械联锁。根据用途，手车可分为断路器手车、隔离开关手车等。各类手车的高度与深度统一，相同规格的手车能互换。手车在断路器室内有隔离/试验位置和工作位置，每一位置均设有定位装置，用来确保联锁可靠，必须按照规程操作程序手车才能正常移动。各种手车均采用螺母、丝杆摇动推进、退出。手车当需要移开柜体时，用一只专用转运车，就可以方便抽出，进行各种检查、维护。断路器（手车）室如图 5–18 所示，转运车如图 5–19 所示。

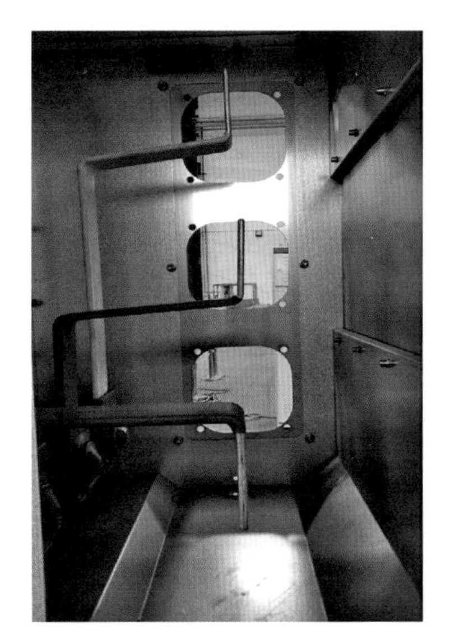

图 5–17　母线室内部

图 5–18　断路器（手车）室

电缆室：电缆室内可安装电流互感器、接地开关、避雷器（过电压保护器）以及电缆等设备。电缆室底部一般为可拆卸铝板用于现场施工。图 5–20 为电缆室内部。

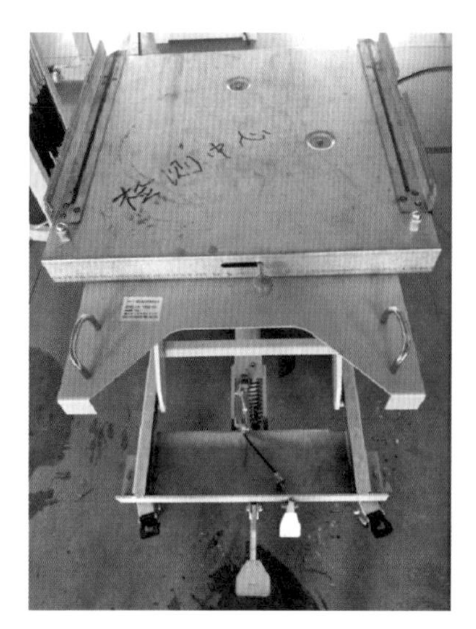

图 5-19 转运车

图 5-20 电缆室内部

图 5-21 继电器仪表室内部图

继电器仪表室：继电器室的面板上，安装有综保装置、操作旋钮、保护出口压板、仪表、状态指示灯、故障指示器、温湿度控制器等。继电器室内安装有端子排、继电器、微型断路器等以及特殊要求的二次设备。图 5-21 为继电器仪表室内部图。

（3）断路器室的联锁简介。根据的五防联锁的要求，高压开关柜断路器室涉及如下功能：

1）为了满足五防联锁中防止带电负荷分、合隔离开关（插头）的要求，断路器在合闸状态下应该无法从工作位置被移动到试验位置。为了满足这一要求，断路器手车的底盘车内设置有丝杆，丝杆见图 5-22 的红框处，通过转动丝杆实现对断路器手车的进出操作；底盘车内还设置有断路器联锁板，联锁板见图 5-22 的蓝框处，断路器在工作位置合闸状态时，联锁板处于水平位置，联锁板与丝杆上凸起的触头闭锁，使丝杆无法动作，因此断路器无法在合闸状态下从工作位置被移动到试验位置。断路器手车的底盘车如图 5-22 所示。

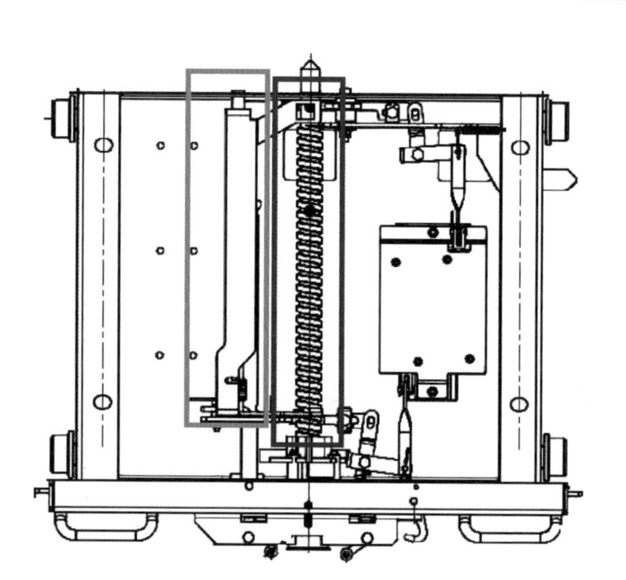

图 5-22　断路器手车底盘车的结构图

2）为了满足五防联锁中防止误分、误合断路器的要求，断路器室门要完全关闭才能将断路器手车推进工作位置。在断路器手车的设计中，断路器手车锁孔两侧安装有机械凸轮作为手车摇进闭锁装置。当断路器室门打开时，手车摇进闭锁装置卡住断路器手车锁孔，断路器手车无法从试验位置移动到工作位置；当断路器室门合上时，手车摇进闭锁装置被挤压解锁，断路器手车才可以从试验位置移动到工作位置。手车摇进闭锁装置如图 5-23 红框处所示。

图 5-23　手车摇进闭锁装置

3）为了满足五防联锁防止误分、误合断路器的要求，将断路器移动到试验位置时，断路器室门才能被打开。在断路器手车的设计中，断路器手车安装有门钩作为中门闭锁装置，当断路器室门关闭，将断路器手车从试验位置移动到工作位置时，中门闭锁装置动作，断路器室门无法被打开；断路器手车从工作位置移动到试验位置时，中门闭锁装置解锁，断路器室门才能被打开。中门闭锁装置如图 5-24 红框处所示。

图 5-24　中门闭锁装置

4）为了满足五防联锁中防止误分、误合断路器的要求，未收到控制信号时断路器不能合闸，以防止人员误碰合闸回路造成事故或由于手车不到位合闸造成事故。在断路器的设计中，内置有合闸闭锁电磁铁，该闭锁电磁铁内安装有顶杆用于锁住合闸按钮，未通电时闭锁电磁铁不动作，顶杆不会被吸起，合闸按钮被锁住，使断路器不能合闸；只有闭锁电磁铁通电时，合闸回路才会连通，顶杆被吸起，断路器合闸按钮才能按下去。闭锁电磁铁如图 5-25 所示。

(a)

(b)

图 5-25　闭锁电磁铁

（a）闭锁电磁铁及合闸按钮安装位置；（b）闭锁电磁铁的形式

5）为了满足五防联锁中防止误分、误合断路器的要求，未有权限不可以就地控制断路器的分、合闸。一般来说，高压开关柜的设计中，继电器室门上会安装有控制断路器“就地/远方”、分闸、合闸的转换开关，转换开关上配置有钥匙孔，只有拥有操作权限的人员将钥匙插入对应钥匙孔中，才能转动转换开关，从而改变断路器的就地、远方操作，操作断路器的分闸、合闸。转换开关如图 5–26 所示。

图 5–26　转换开关

继电器室的转换开关通过航空插头连接断路器，实现对断路器的控制。航空插头如图 5–27 所示。一般情况，航空插头针脚定义为：针脚 25、35 是储能；针脚 31、30 是分闸；针脚 4、14 是合闸。

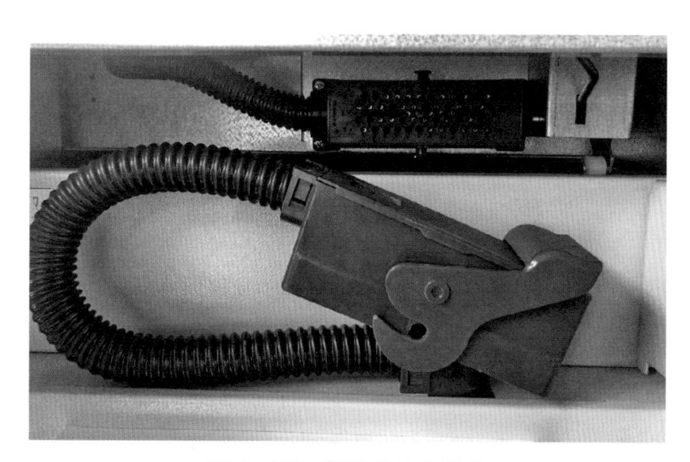

图 5–27　断路器航空插头

6）为了满足五防联锁中防止带电负荷分、合隔离开关（插头）的要求，断路器处在工作位置时无法拆卸航空插头。一般来说，高压开关柜的设计中，航空插头母头盒附近安装挂钩作为航空插联锁装置，将断路器从试验位置移动到工作位置的过程中，航空插联锁装置会随之动作，当断路器处于工作位置时，航空插联锁装置固定住航空插头，使其无法拆卸。航空插联锁装置如图 5-28 所示。

图 5-28 航空插联锁装置

（4）异常现象简述。试验人员在开展机械试验过程中，该高压开关柜的断路器处在工作位置。为了验证断路器手车可以可靠移动，试验人员需将断路器手车从工作位置移动到试验位置，当试验人员将摇把插入断路器室门上的锁孔并转动摇把时，发现断路器手车无动作。

5.6.3.2 排查及分析

（1）断路器手车排查。根据断路器室的联锁设计，断路器处于合闸状态时，断路器手车不可从工作位置移动到试验位置，试验人员通过断路器室门上的可视窗观察断路器的状态，断路器处于分闸状态，排除了此原因。断路器室门上的可视窗如图 5-29 所示。

图 5-29 断路器室门上的可视窗

为了排查是否由于断路器手车导轨损坏导致的断路器手车无法移动到试验位置，试验人员解锁中门闭锁装置，将断路器室门打开，检查手车导轨无异常，排除了断路器手车导轨损坏的情况。

为了进一步排查是否由于断路器手车故障导致的断路器手车无法移动到试验位置，试验人员将手车摇把插入断路器手车锁孔，解锁手车摇进闭锁装置，将断路器手车移动到试验位置，断路器手车可以顺畅地被移动到试验位置，排除了断路器手车损坏的情况。

（2）外观检查。试验人员对该高压开关柜外观检查，发现断路器室门锁孔与断路器手车锁孔不匹配，即二者不在同一水平位置，正是由于这个原因导致手车摇把插入断路器室锁孔后无法插入断路器手车锁孔，进而导致摇动手车摇把时，无法带动断路器手车移动。

试验人员继续排查造成二者不匹配的原因。

首先，检查断路器室门锁孔的位置是否错误。查看高压开关柜图纸，比较断路器室门锁孔的设计位置与实际位置，发现二者一致，断路器室门锁孔机械结构良好、安装位置正确。

接下来，检查断路器室柜门的合页是否因损坏而发生位移，发现合页并无损坏异常。

试验人员怀疑断路器室门安装位置不正确。试验人员将断路器室门完全关合，发现断路器室门锁孔向门把手方向偏移，同时发现断路器室门与下柜门、继电器室柜门比较明显向门把手方向偏移。断路器室门与下柜门的比较如图5-30所示。试验人员使用水平尺测量断路器室柜门与下柜门，确定二者不在同一垂直位置，试验人员进一步查看高压开关柜图纸，比较断路器室门设计位置与实际位置，发现二者不一致，断路器室门的安装位置确实存在偏差。

图5-30　断路器室门与下柜门不在同一垂直位置

5.6.3.3　预防措施

高压开关柜出厂时，设备厂商应保证所有附件安装正确，对于可能出现偏差的部位（例如锁孔）应仔细检查，柜体安装完整后再开展各项出厂试验，防止由于装配导致的设备故障。

5.6.4　高压开关柜活门机构问题导致耐压试验不合格

5.6.4.1　情况说明

（1）设备信息。该设备为 KYN28A－12 型高压开关柜，高压开关柜如图 5－31 所示。KYN28A－12 型户内铠装式交流金属封闭开关柜的优点是无论选用何种断路器，其裸导体空气绝缘距离均能保证大于 125mm，复合绝缘大于 60mm，并且其断路器均具有寿命长、高参数、少维护、体积小等优点。

图 5－31　存在活门机构不合格问题的高压开关柜

（2）活门机构简介。对高压开关柜进行检修时，为确保安全，不仅需要将接地开关合闸，还需要将断路器手车移出柜体，此时柜内的活门机构会自动关闭，对柜体内的静触头起到遮挡作用，保证检修人员的安全。

活门机构是高压开关柜的一种机械部件，其作用是隔离开关柜的动触头和静触头的结合，遮住固定触头。活门机构是为了防止人身触及高压带电体的一种防护措施，属于五防联锁范畴。当断路器手车从试验位置移动到工作位置时，活门开启；当断路器手车从工作位置移动到试验位置时，活门关闭。活门机构中的活门盖板可以是金属材料，也可以是非金属（复合绝缘）材料。活门机构如图 5－32 所示。

活门机构是开关设备的重要部件，对开关柜的安全性能起到关键作用。当活门机构不能正常工作（如出现打开太慢、上下偏斜、滑道损坏、零部件变形、卡顿）时，容易导致断路器手车中的静触臂对活门放电，造成上述试验中的绝缘故障。

（3）异常现象简述。试验人员在进行高压开关柜工频耐压试验的过程中发现，该高压开关柜 A 相和 B 相断口耐压试验均合格，C 相断口耐压试验发生放电击穿现象。

(a)

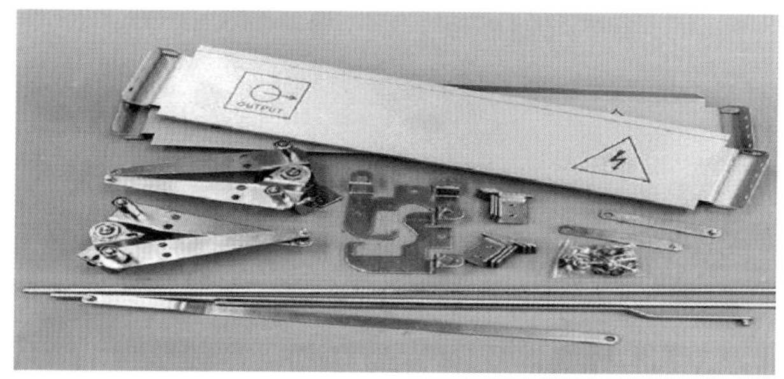

(b)

图 5-32　活门机构

（a）活门位置；（b）活门部件

相对地的工频耐压试验也出现放电击穿现象。

5.6.4.2　排查及分析

（1）外观检查。试验人员检查了该高压开关柜的柜体，该设备外观整洁无脏污，可以排除由于柜体脏污或受潮等引起的绝缘不良。

（2）检测仪器排查。试验人员检查试验回路接线，接线良好未见异常。

试验人员将高压引线从被测试品端拆除，在确保绝缘的情况下操作试验仪器单独升压，升压过程中未见异常。可以判定发生击穿放电是由于该设备 C 相回路存在故障导致。

（3）分析排查。为了排查该高压开关柜放电原因，试验人员将断路器手车从高压开关柜内拉出，使得高压开关柜断路器室形成隔离断口，同时再次对没有安装断路器手车的高压开关柜开展工频耐压试验，试验结果合格，说明柜体不存在质量问题。

试验人员在对断路器单独开展工频耐压试验，试验结果仍然合格。说明断路器不存在质量问题。

根据以上排查结果，试验人员分析该高压开关柜的故障位置在 C 相上母排与断路器 C 相触头之间。

为了验证该分析，试验人员再将断路器手车拉出后仔细检查高压开关柜的断路器室，发现操作活门拉板上下分合时会出现卡顿的情况，同时发现活门拉板左右不平衡，滑道已经损坏，损坏程度如图 5–33 所示。

图 5–33　滑道损坏且拉板上下移动时左右侧不平衡

根据《国家电网有限公司十八项电网重大反事故措施及编制说明》12.3.11 中的规定：带电体空气绝缘净距离≥125mm。该高压开关柜的活门拉板装备工艺不良，滑道损坏后间接的缩短了空气净绝缘距离，导致工频耐压试验不合格。

（4）验证。为了验证该分析，试验人员将该滑道修复，然后再次开展工频耐压试验，本次试验无电压突降现象，工频耐压试验合格。

5.6.4.3　预防措施

设备厂商应对高压开关柜的机械结构严格把关，设备安装调试过程需反复测试。断路器手车、机械活门、断路器的分合、储能闭锁等要确保动作正常无卡顿，保证机构动作灵活可靠，轻巧自如。近年来开关设备的尺寸不断减小，

使得部分设备厂商一味追求柜体尺寸的大小，而忽略了设备性能的提高，造成很多设备故障。例如：活门机构设计余量留有不足，缩短了其上下移动的距离，造成断路器手车推进过程中与活门拉板挤压形成机械卡顿，无法动作；设备厂商为了减小柜体尺寸，将断路器动、静触头、活门拉板、接地开关和下母排之间的绝缘距离大幅减小，但没有采取措施保证绝缘性能，导致了柜内配件之间的绝缘强度不够。

为保证设备质量，提出以下注意事项：

（1）如果高压开关柜柜体的爬距和空气间隙设计上余量不足，会表现在手车柜、接地开关等空气净绝缘距离不达标，导致爬距和空气间隙不够。设备厂商应严格控制活门机构对静触头的空气净绝缘距离，满足《国家电网有限公司十八项电网重大反事故措施及编制说明》中的大于 125mm 的要求。

（2）镀银触头接触点容量不足或接触不良会影响柜体绝缘性能。当接触点容量不足或接触不良时，柜体在长期运行之后，局部温度过高，绝缘性能下降，发生闪络、击穿等现象。

（3）装配工艺会严重影响配件本身质量，造成试验结果出现异常。设备出厂前应反复测试断路器手车的滑轮以及轨道是否运行良好，避免出现断路器手车在推进或摇出过程中出现左右不平衡，造成活门两侧不统一，或者偏斜卡顿等。

（4）如果柜体组装工艺过于走上限，组装绝缘件时扭矩过大，会导致绝缘件在搬运以及运输过程中出现裂痕，影响最终试验结果。

（5）应严格控制活门机构的材料选用和零部件配置，避免由于断路器手车反复操作造成机械部件变形损坏等。

5.6.5　固封极柱式断路器嵌入件导致局部放电测量试验不合格

5.6.5.1　情况说明

（1）设备信息。该设备为 KYN28A－12 型高压开关柜，其断路器使用的是固封极柱式断路器手车，高压开关柜如图 5－34 所示。

（2）固封极柱断路器简介。固封极柱断路器将真空灭弧室和断路器相关的导电零部件同时嵌入到环氧树脂或热塑性材料中，这类容易固化的固体绝缘材料形成极柱，使整个断路器极柱成为一个整体的部件。固封极柱断路器如图 5－35

图 5-34　KYN28A-12 型高压开关柜

所示。相比于其他断路器，其有两大优势：

1）采用模块化设计，结构相对简单，可以拆卸的零部件少，并且可靠性高。

2）具有极高的绝缘能力，将表面绝缘变成体积绝缘，减少了环境因素的影响，提高了整体绝缘强度。可以使断路器尺寸合理化缩小，有利于小型化新型开关柜的推广。

高压开关柜使用的断路器一般为真空灭弧室，绝缘外壳暴露在空气中，容易受灰尘、潮湿、污染等影响。为了解决此安全隐患，要求真空灭弧室的外壳要有足够的长度，这样不仅影响了真空灭弧室的小型化，也影响了真空灭弧室的绝缘性能的可靠性和安全性。

(a)

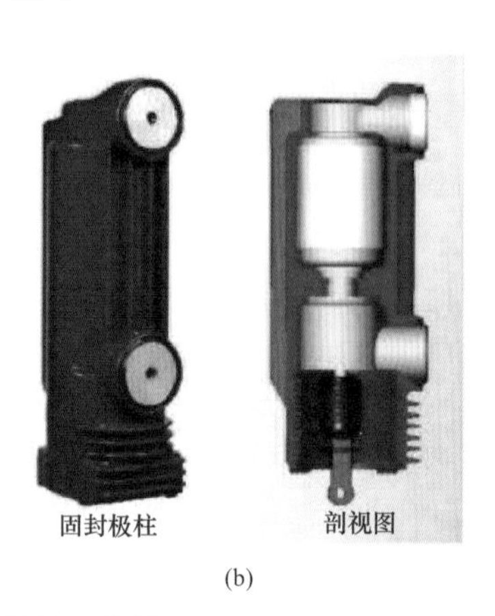

(b)

图 5-35　固封极柱断路器

（a）固封极柱断路器外观图；（b）固封极柱断路器剖面图

相比较于传统组装式断路器，固封极柱断路器的生产成本更高，但是将低阻值的真空灭弧室及出线座固封在环氧树脂内，提高了绝缘水平和抗污秽能力，同时固封极柱断路器的零件数量大大减小，导体的搭接面由 6 组减小到 3 组，连接螺栓由 8 个减小到 1～3 个，简化了制造工艺，结构简单、安装方便，不仅提高了断路器的可靠性、稳定性，也减小了由于嵌件安装不良，导致设备局

放过大的隐患，从结构上来说固封极柱断路器的真空灭弧室和断路器相关零部件固封到环氧树脂中固化，不需要做任何处理，就可以达到很高的绝缘强度，在产品使用期内是免维护的，屏蔽了真空灭弧室受到外界影响的干扰，有很强的适应能力，所以固封极柱断路器可以广泛应用于化工、冶金、矿山等环境恶劣的场所，解决了现场凝露的影响，针对不同的现场使用环境，固封极柱断路器能满足客户的使用需求，增加高压开关柜的运行稳定性，提高电网供电的可靠性。

（3）异常现象描述。试验人员对高压开关柜开展局部放电试验，发现该设备A相和B相局部放电量均在标准要求的范围内，但是C相的局部放电量达到1000pC，远远大于标准规定值。局部放电试验不合格波形图如图5–36所示。

5.6.5.2　问题排查及分析

（1）检测仪器排查。试验人员检查屏蔽室内部，确认没有开启状态的变频设备（充电器等）影响局部放电试验结果。

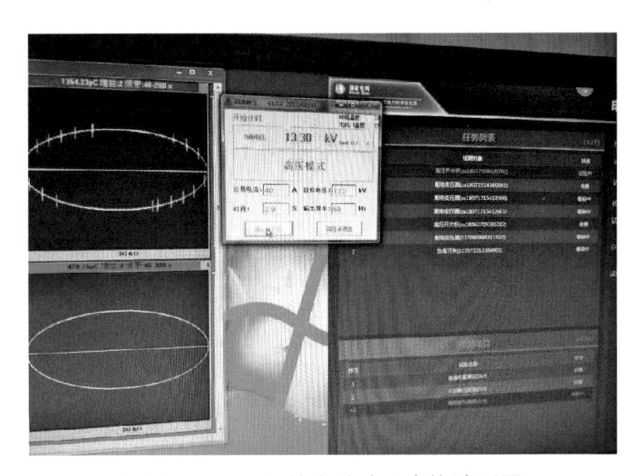

图5–36　局部放电试验不合格波形图

试验人员检查试验接线，确认高压引线与被测设备可靠连接，连接螺栓无毛刺尖端等，并带有均压帽，其余接地端子均可靠接地。

（2）被测设备排查。试验人员检查被测设备，确认外观干燥整洁，无潮湿、脏污等情况。

试验人员对该高压开关柜的母排等金属件检查，确认倒角光滑无尖端，其余绝缘部件、螺栓等进行检查，均紧固无松动。

试验人员将断路器手车从高压开关柜内拉出，检查高压开关柜的动触头和静触头，确定动触头和静触头接触完好，无杂物、脏污等影响。

（3）分析排查。排除外部干扰因素后，试验人员为了进一步排查故障位置，对高压开关柜进行分段试验。先将断路器分闸，分别对上、下母排至静触头区域开展局部放电试验。试验结果显示，上、下母排段至静触头区域，局部放电试验均合格。因此，判断是断路器产生的局部放电。

试验人员将断路器手车拉出，单独对断路器开展局部放电试验。试验过程中，刚开始施加试验电压就产生明显的局部放电，且局部放电量超标较多，可以断定断路器局部放电试验不合格。

为了查明故障原因，仔细观察断路器的结构，试验人员发现断路器的固封极柱的嵌件没有有效接地，如图 5-37 红色箭头处所示。该处用固定螺栓将固封件与断路器操作面板连接固定，此嵌件处于高压与低压之间，按其阻抗形成分压，在嵌件上产生对地电位，即悬浮电位，该嵌件与框架不能可靠接地便会产生局部放电。

由于螺栓与断路器上下触头关合位置较近，导致悬浮电位的产生。局部放电测量不合格的固封极柱断路器结构如图 5-38 所示。

图 5-37　断路器固封极柱的嵌件没有有效接地的位置

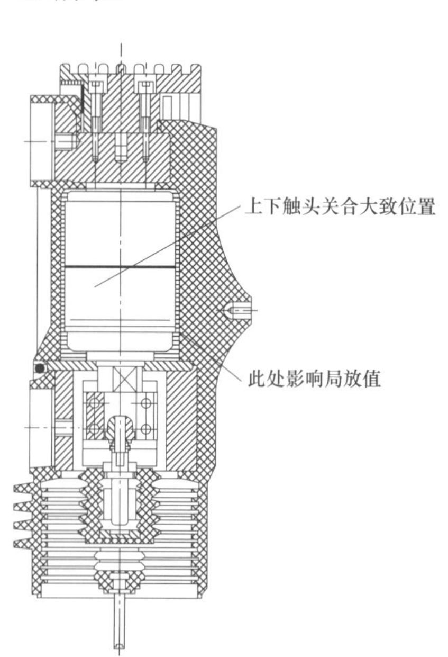

图 5-38　局部放电测量不合格的固封极柱断路器结构图

（4）验证。为进一步验证分析，试验人员将该处嵌件重新固定，再次进行局部放电测量试验，试验结果合格，因此可以确定是由于断路器嵌件没有有效接地造成局部放电过大。试验结果合格的局部放电图如图5-39所示。

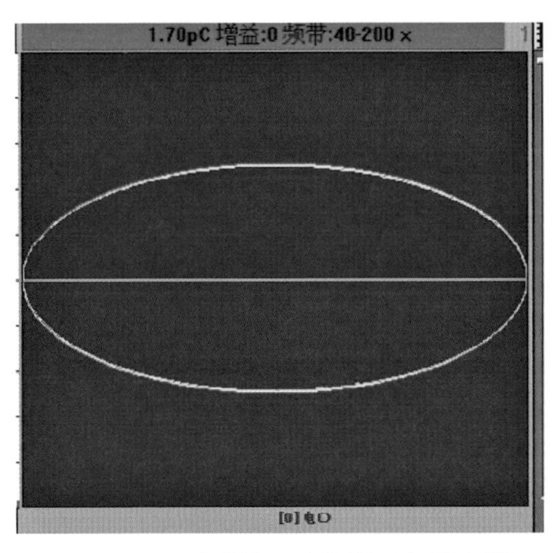

图5-39　试验结果合格的局部放电图

5.6.5.3　预防措施及建议

高压开关柜断路器的内部固封极柱上出现嵌件是一种存在安全隐患的设计。设备厂商应确保断路器内部固封极柱上的嵌件与框架可靠接触（接地），避免因为安装工艺不规范造成质量问题。

5.6.6　绝缘距离不足导致高压开关柜雷电冲击试验不合格

5.6.6.1　情况说明

（1）设备信息。该设备为KYN28A-12型高压开关柜，其断路器使用的是固封极柱式断路器手车，高压开关柜如图5-40所示。

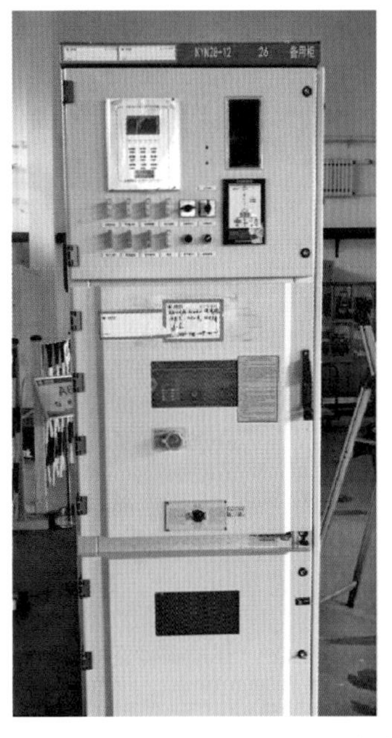

图5-40　断路器使用固封极柱式断路器手车的不合格高压开关柜

（2）异常现象简述。试验人员在对该高压开关柜进行雷电冲击试验时发现，当把断路器合闸进行高压开关柜对地的雷电冲击试验时，每个完整系列的试验均能正常通过；当把断路器分闸进行高压开关柜断口的雷电冲击试验时，对 A 相和 B 相的每一个完整系列试验都能通过，对 C 相进行试验，电压极性为正时试验合格，但是当电压极性为负时，试验人员听到清脆的异响，电压异常降低，试验未能通过。试验结果雷电冲击波形图如图 5-41 所示。

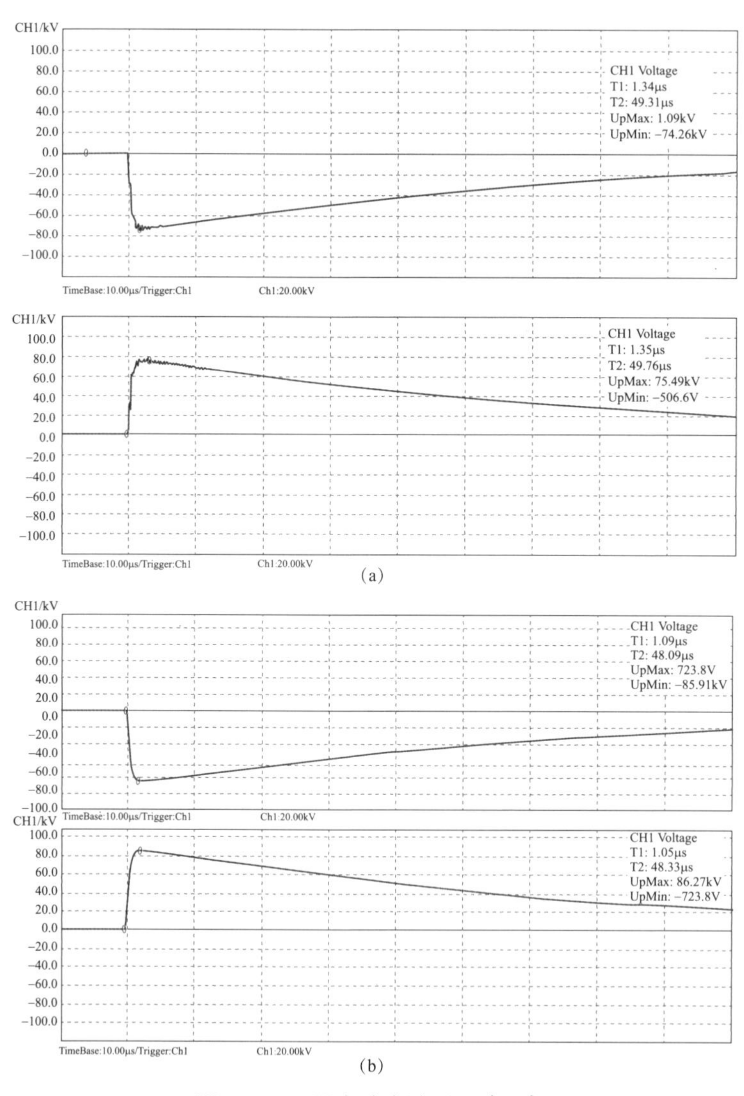

图 5-41　雷电冲击波形图（一）

（a）合闸时正、负极性的合格冲击波形图；（b）分闸时 A 相正、负极性的合格冲击波形图

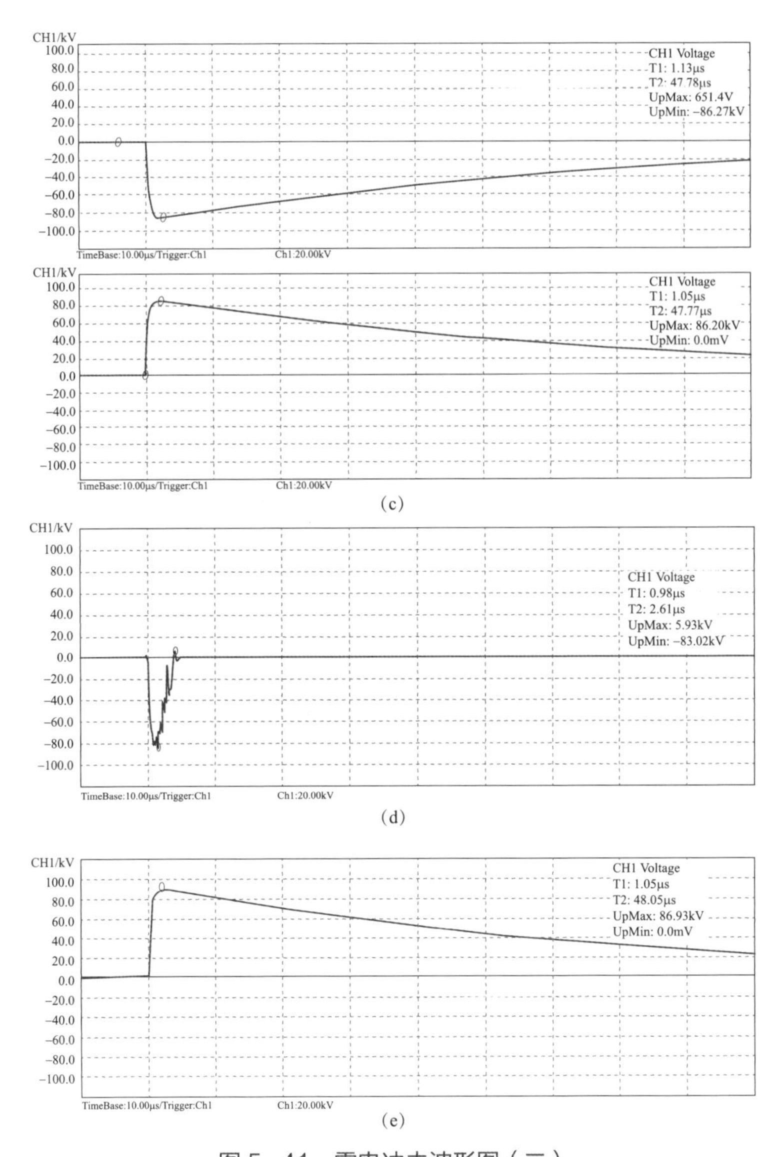

图 5–41　雷电冲击波形图（二）

（c）分闸时 B 相正、负极性的合格冲击波形图；（d）分闸时 C 相负极性的不合格冲击波形图；
（e）分闸时 C 相正极性的合格冲击波形图

5.6.6.2　问题排查及分析

（1）设备排查。

试验人员检查该高压开关柜外观，外观无异常。

试验人员将试验线拆除，远离该设备，对试验设备进行空升压试验，即不连接试品的情况下进行雷电冲击试验。试验接线如图 5-42 所示。

试验人员开展 75kV 和 85kV 的正负极性的雷电冲击试验，试验结果均正常。试验波形图如图 5-43 所示。

试验人员再次将该不合格高压开关柜运进工位，开展雷电冲击试验，试验结果仍为 C 相分闸时不合格。

图 5-42 未连接试品进行空升压试验图

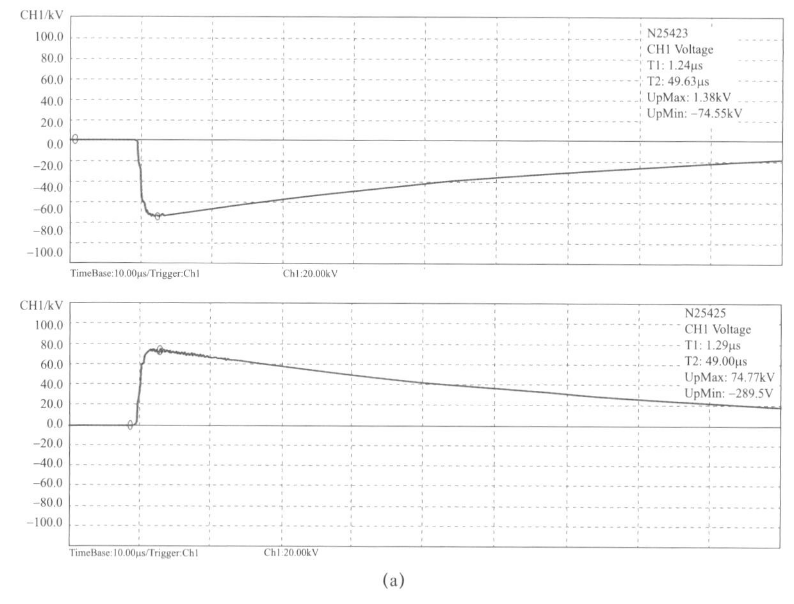

(a)

图 5-43 空升压试验雷电冲击波形图（一）

（a）空升压试验 75kV 正、负极性电压波形图

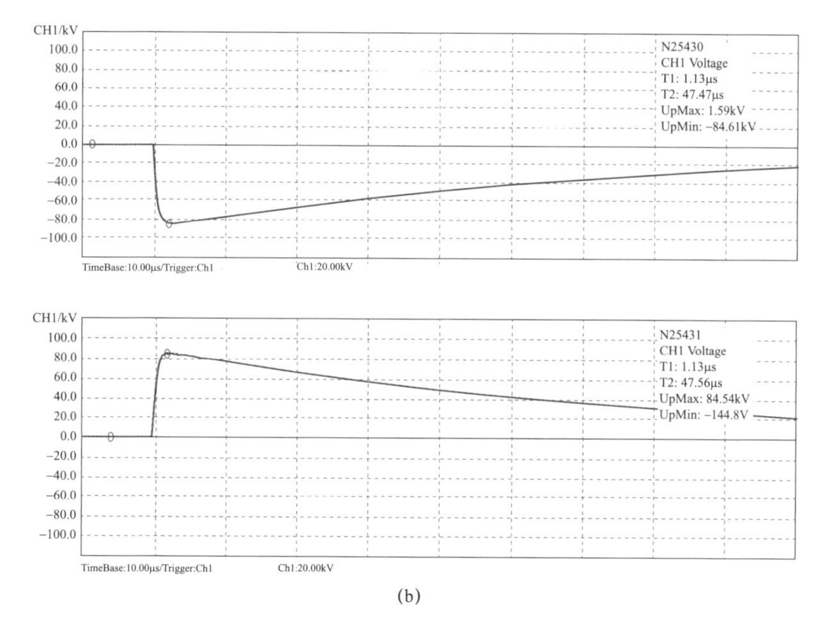

图 5-43　空升压试验雷电冲击波形图（二）

（b）空升压试验 85kV 正、负极性电压波形图

由此证明该试验的异常是由于高压开关柜内部原因导致。

（2）分析排查。导致高压开关柜产生故障的原因多种多样，具体可归纳为以下几类：

1）机械故障。机械故障是比较常见的高压开关柜故障，包括操作故障，如拒动、误动或机构卡涩等，通常这种故障是由内部部件的变形、位移或损坏造成的。

还有一类就是由电气控制和辅助回路出现问题造成的故障，如二次回路接线不良，端子松动，接线错误，开关切换装置不灵敏、操作电源或分合闸接触器故障等。

第三类就是断路器故障，也就是开关故障，如断路器触头错位、损坏，套管上有裂痕，内部机构不灵敏，开关功能卡涩等。

2）绝缘故障。绝缘故障的存在对开关柜来说是非常巨大的隐患，通常表现为内、外绝缘对地闪络击穿，相间绝缘闪络击穿，过电压闪络击穿，TA 闪络击穿等。

3）柜体本身缺陷。开关柜本身缺陷可分为三类：绝缘件的设计及材料选择缺陷、元器件加工工艺缺陷和元器件的安装工艺缺陷。

绝缘件的设计及材料选择缺陷是造成开关柜存在缺陷的根本原因，包括相间、对地距离不满足绝缘距离；触头盒屏蔽结构存在缺陷；穿墙套管爬电距离不足；元器件的镶嵌安装不合理；选用的绝缘材料不合格。

元器件加工工艺的缺陷多种多样，例如静触头的毛刺、尖端放电导致绝缘材料加速老化；柜体内部金属尖端放电；内部安装不合理，形成不均匀电场导致材料老化等。

元器件的安装工艺缺陷通常是安装时未按照图纸进行安装或粗心导致安装错误等，例如母排搭接与接线盒的错误安装导致放电；母排在绝缘套管或触头盒内的安装位置有偏移，导致电场不均匀；绝缘板的安装不合理，绝缘距离不能满足绝缘要求；母排安装角度不合理；热缩套管安装不当导致放电等。

4）环境、外力及其他故障。高压开关柜的使用环境要求是比较严格的，需要干燥通风，如果高压开关柜在运行过程中由于环境因素导致柜体表面凝结水滴，就很可能造成柜体绝缘材料的老化、断路器触头以及高压开关柜静触头的锈蚀发热甚至引起火灾等；或者高压开关柜运行时边柜挡板未封，老鼠等小动物爬到柜内引发故障；高压开关柜在运输过程中存在碰撞，造成内部螺丝或其他元器件松散，都有可能引发开关柜故障。

根据以上情况试验人员检查该高压开关柜，通过观察放电位置发现，接地开关与下母排 C 相距离非常近，怀疑由于绝缘距离不够，导致的下母排 C 相与接地开关产生放电。下母排 C 相与接地开关的位置如图 5-44 所示。

经过测量，发现下母排 A 相与接地开关距离仅为 75mm。根据《国家电网有限公司十八项电网重大反事故措施及编制说明》12.3.11 规定：空气绝缘净距离≥125mm。75mm 的距离没有满足标准规定。

为验证该分析的准确性，试验人员在高压开关柜下母排 C 相与接地开关包裹绝缘罩，再次开展雷电冲击试验，试验合格。可以断定不合格原因就是下母排 C 相与接地开关绝缘距离不符合要求。

5.6.6.3　预防措施

高开关柜常见的缺陷包括空气绝缘间隙小、配套附件绝缘性能差、制造时采用不合格绝缘材料、运行环境差、检修质量低等。对于这些问题提出以下预防措施：

(a)

(b)

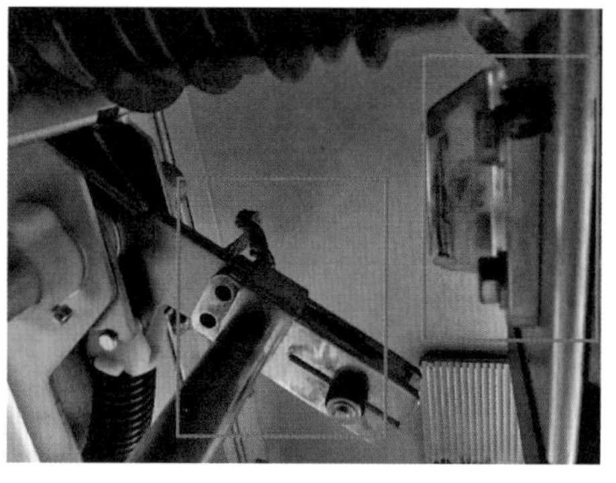

(c)

图 5-44 接地开关与下母排位置图

(a) 位置（一）；(b) 位置（一）；(c) 位置（三）

（1）制造设备厂商应严格按照有关绝缘标准进行柜体的设计和制造，在选材方面严把质量关。

（2）在对高压开关柜进行各项试验时严格按照标准，若试验不符合有关条款，应坚决做不合格判处，确保开关柜的合格率是设备入网安全运行的保障。

（3）对已经投入使用的开关柜要做好定期维护、定期检修的工作，要确保开关柜的运行环境干燥，通风。

参　考　文　献

[1] 曹健，张杉杉，韩洪刚，等. 浅谈永磁真空有载调压配电变压器的故障分析［J］. 变压器，2021，58（604）：73－77.

[2] 国家电网公司科技部. 国家电网公司新技术目录（2017年版）［M］. 中国电力出版社：北京，2017：116.

[3] 徐茜，吴洪涛，孙裕佳，等. 加强电网物资质量抽检管理［J］. 百科论坛电子杂志，2018，1：425－425.

[4] 柯文斌. 配电变压器密封性检测方法探讨［J］. 创新点滴，2014，17：24－25.

[5] 刘军. 高压大电流开关柜的散热问题及解决方案［J］. 中国电业（技术版），2013，3：76－78.

[6] 杜丽，丁永生，姜富修，等. 高压开关柜温升问题分析及解决方案［J］. 科技创新与应用，2016，6：187－187.

[7] 黄宗茂，张弘. 高压开关柜母线桥噪声产生分析及降噪措施［J］. 冶金设备管理与维修，2015，33（6）：47－49.

[8] 郭冠导. 浅谈涡流对开关柜的影响［J］. 城市建设理论研究（电子版），2013，19：1－5.

[9] 赵焕敏，姚永其. 高压开关温升试验方法浅谈［J］. 科技视界，2012，27：237－238，452.

[10] 杜争过，王尚斌，姜洪龙. 开关柜温升试验方法研究［J］. 山东工业技术，2019，8：182.

[11] 贾一凡，王博，陆瑶，等. 开关柜温升试验方法研究［J］. 高压电器，2013，49（8）：87－91.

[12] 阎雪梅，韦晨，赵婕，等. 绝缘油介质中水分含量对其电气性能的影响［J］. 绝缘材料，2016，49（7）：79－82.

[13] 黄国泰，郭弟弟. 应用初始斜率特征量评估变压器中绝缘油微水含量状况［J］. 电气技术，2016，10：53－58.

［14］ 梅其建. 金属封闭高压开关柜发热原因分析及其预防措施［J］. 房地产导刊，2013，1：287－287.

［15］ 黎刚，毛文奇，黎治宇. KYN61－40.5 型高压开关柜存在问题与对策［J］. 湖南电力，2012，32（4）：36－39.

［16］ 盛明学，王志清. 户外高压隔离开关常见故障的原因分析与处理［J］. 高压电器，2010，46（10）：93－96.

电网物资抽检试验
典型案例分析

线圈类、高压开关类设备

中国电力出版社官方微信

中国电力百科网网址

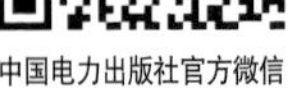

ISBN 978-7-5198-5375-4

定价：62.00 元

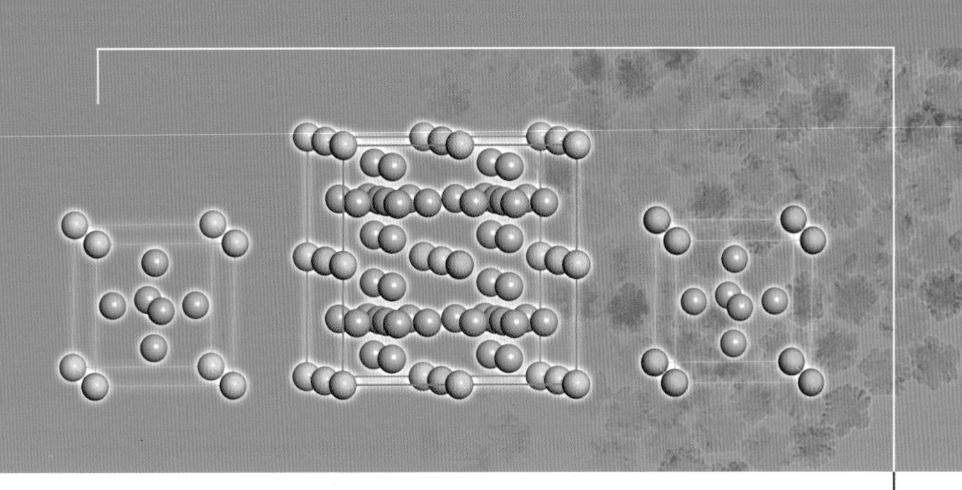

纳米晶稀土六硼化物：从制备到物理性质

潮洛蒙 尚 涛 著

北京理工大学出版社
BEIJING INSTITUTE OF TECHNOLOGY PRESS